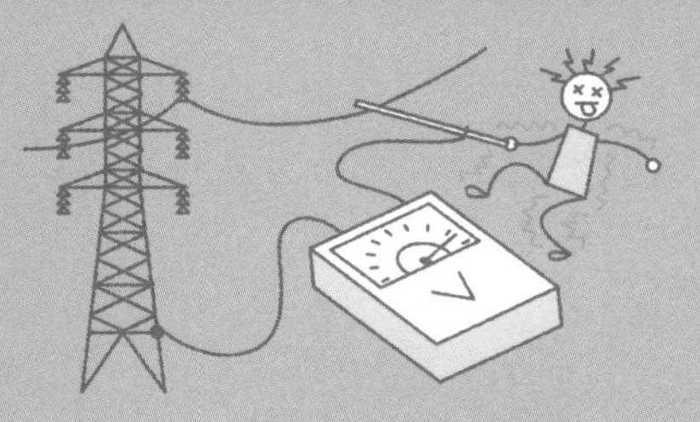
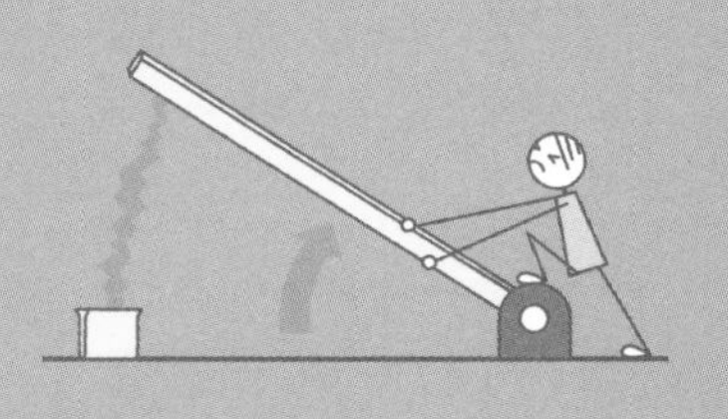

二宮崇 著

電気回路、マジわからん

と思ったときに読む本

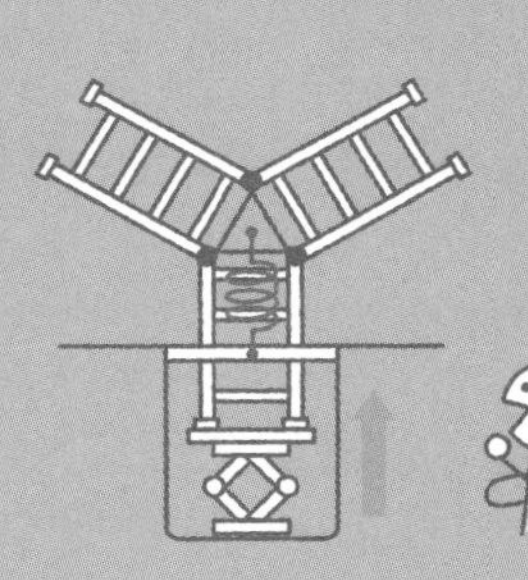

はじめに

電気回路とは、電気が流れる道のことです。その道は輪のように閉じていて、流れ出た電気は必ず同量が戻ってきます。電気は、その道を通る際に何らかの仕事をします。光や熱、動力を発生させるだけでなく、化学変化を生じさせるような仕事もあります。また、電気を流すために外部から仕事を与えることもあります。

電気回路を知るということには、電気が流れる「道」や、道を流れる「流れ」だけでなく、電気が流れる際にする仕事に関することも含まれます。つまり、電気回路を通じて電気の利用方法を幅広く知ることができます。また、電気と磁気は互いに密接な関係を持っているので、磁気の世界にも少しだけ足を踏み入れることになります。

電気は、その性質が体系的に知られ始めて200年余り、実際に利用され始めて100年余りの歴史しかなく、古代エジプトやギリシャ時代から研究されてきた力学や天文学、化学などに比べると新しい分野です。しかし、現代の人々の日々の生活に欠くことのできない存在で、その役割はますます増えています。

この本は、そのような電気の広くて深い世界を知るための最初の入門書として、電気が流れる輪を通して見えてくる世界を示せるよう努めました。前半は電気の道や流れについて、後半は電気が流れることによる電気の利用について、それぞれ重点を置いています。

日頃、電気を専門にしている人だけでなく、この本を読んだすべての人が、コンセントから電気を使うときも、スピーカーから音楽が流れているときも、その奥に広がる電気の全体像が、おぼろげながらでも見えてくるようになればいいなと願っています。

2024年2月

二宮　崇

この本の読者対象

この本は、電気回路を切り口として電気全般を知ってみたいと思っているすべての人を対象としています。

- 電気以外を専門とする技術者で、電気についても知りたい
- これまで電気の勉強をしたことがなく、何から手をつけたらよいかわからない、あるいは資格取得を挫折した
- 電気に関係のある仕事をしているけれど、技術的なことはわからない

といった人には特にお勧めです。

電気回路の性質上、ある程度の数式は避けられませんが、内容は平易なものに留めています。また、数式をすべて飛ばしても、読みものとして概要を理解できるよう努めています。この本が少し難しいと感じるようなら、同じシリーズの『「電気、マジわからん」と思ったときに読む本』を先に読んでみてください。電気の全体像をイメージすることができ、この本を理解しやすくなります。

この本の構成

この本は、次の9つのChapterから成ります。

Chapter 1　電気とは？—電気回路の基礎知識
Chapter 2　直流回路の考え方
Chapter 3　交流回路の考え方
Chapter 4　交流の主役—三相交流回路
Chapter 5　電気の姿を知る—電気計測
Chapter 6　情報としての電気—音声信号回路
Chapter 7　電気回路の集大成—電力系統
Chapter 8　動力や化学など、さまざまな利用方法
Chapter 9　カーボンニュートラルと電気

Chapter 1で電気を知るための基礎的な知識を身につけたうえで、**Chapter 2～4**で電気回路の考え方、つまり電気が流れる「道」や、道を流れる「流れ」について学びます。**Chapter 5**では電気の利用にあたって不可欠な電気の姿を捉えるための電気計測について、**Chapter 6～8**では電気が道を流れる際の「仕事」に相当する電気のさまざまな利用について紹介します。最後に**Chapter 9**で地球温暖化防止に向けたカーボンニュートラルの取り組みにおいて、電気が果たす重要な役割について紹介します。

CONTENTS

Chapter 3 交流回路の考え方

Chapter 4 交流の主役—三相交流回路

Chapter 5 電気の姿を知る—電気計測

Chapter 6 情報としての電気—音声信号回路

Chapter 7 電気回路の集大成—電力系統

Chapter 8 動力や化学など、さまざまな利用方法

Chapter 9 カーボンニュートラルと電気

Chapter

1 電気とは？ ―電気回路の基礎知識

電気回路とは電気が流れる道で、閉じた輪になっています。Chapter1 では、「道」自体や、道を流れる「流れ」についての基本的な知識を学んでいきます。Chapter2 以降でつまずいた際には、何度でも立ち戻ってください。

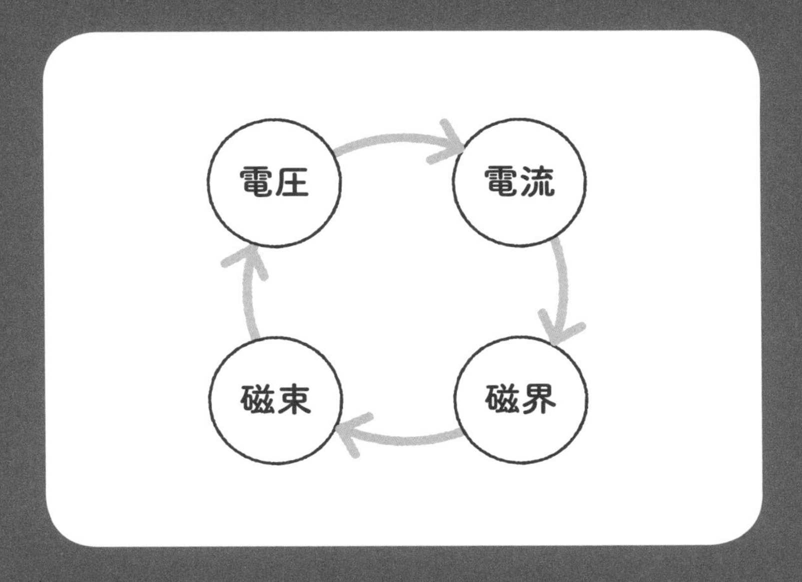

プラスからマイナス？—電気の流れ

電気はプラス極からマイナス極に流れる、とされています。この電気の流れを**電流**といいます。電気の正体は、電気を持った粒の**電荷**であり、電気が流れるということは電荷が動くということです。

ところが、物理学や電気に関する研究が進んだ19世紀終わり頃になると、実際の電気の流れは、マイナスの電荷がマイナス極からプラス極に流れていることがわかってきました。電気の正体がわからなかった時代に決めた電流の向きが、実際は逆だったのです。しかし、プラスの電荷がプラス極からマイナス極に流れることと、マイナスの電荷がマイナス極からプラス極に流れることは、同じと扱ってもほとんど支障がなかったため、電流の向きの定義は変更されませんでした。

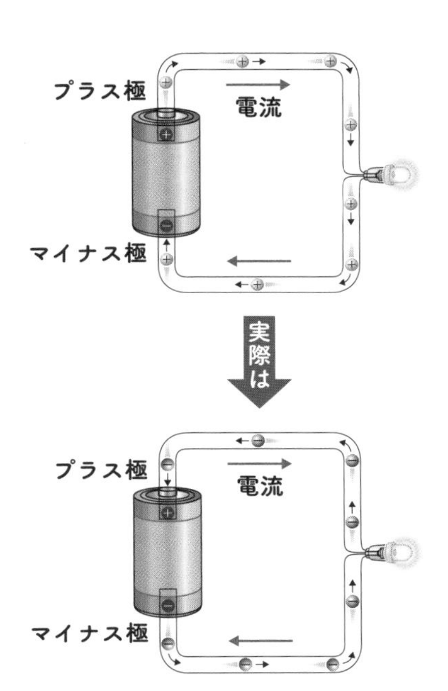

電気が流れる際のマイナスの電荷の正体は、物質を構成する「原子」の中の**電子**です。電荷の量は**クーロン[C]**という単位で表します。電子の電荷量は-1.602×10^{-19}[C]なので、電子が6.24×10^{18}個集まると-1[C]です。

1秒間に**1[C]の電荷**が流れている電流の大きさを**1アンペア[A]**といいます。

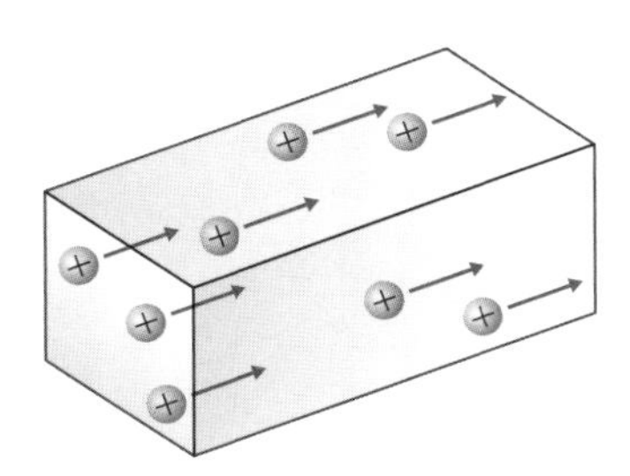

電流＝1秒間に流れる電荷の量

電圧　ボルト　電源　抵抗

2 電気を流すための圧力—電圧

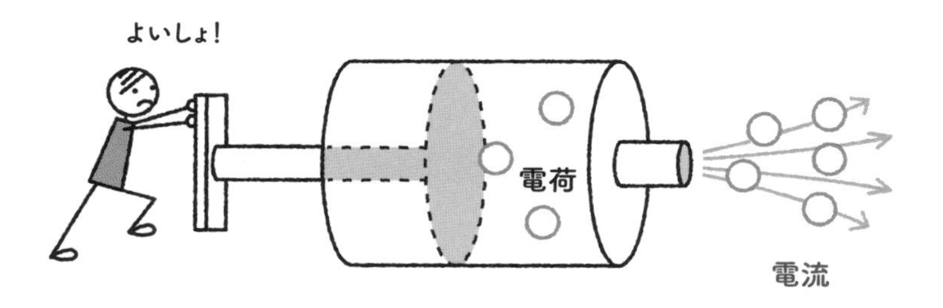

電荷を動かして電流を流すには、力が必要です。その圧力に相当するのが**電圧**です。電圧の大きさは**ボルト[V]**という単位で表します。1800年頃、イタリア人のアレッサンドロ・ボルタによって発明されたボルタ電池に由来しています。

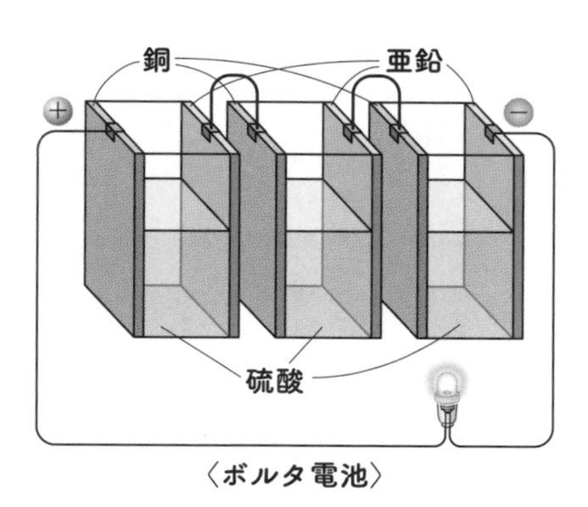

〈ボルタ電池〉

ボルタ電池と、ボルタ電池の欠点を改良したダニエル電池によってさまざまな実験が可能になり、電気の性質がわかってきたんだ〜。

電圧と電流の関係は、水圧と水流の関係に例えられます。水を流すために水位差をつけて水圧を加えることが電圧に相当します。1秒間に水路を流れる水の量が電流に相当します。水路の太さや長さ、堰や水門なども水量に影響しますが、これは③(導体と絶縁体)で説明する**抵抗**に相当します。水位差を得るために水を汲み上げるポンプが、電圧を発生させる**電源**に相当します。

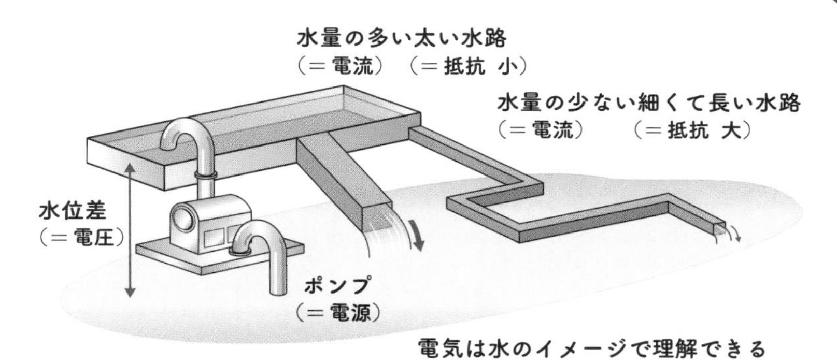

電気は水のイメージで理解できる

この図から、いろいろと想像を膨らませることができます。まず、水路の水量を増やすには、上側の水槽の位置を上げて水位差を増やせばよく、これは電圧を上げると電流が増加することに相当します。ほかにも、水位差を変えずに水量を増やすには水路を太くすればよい、水路が枝分かれしても分岐の前後で合計の流量は変わらない、汲み上げた水はいろいろな水路を通って最終的に全量がもとの池に戻ってくる、ポンプの能力によって汲み上げる水量や揚程に限界が生じるなど、水でイメージできることをそのまま電気にあてはめていけば、**Chapter 2**(直流回路)までの内容の大半が理解できると思います。

電気が流れる道と阻止するバリケード—導体と絶縁体

電気が流れる物質を**導体**、流れない物質を**絶縁体**といいます。導体は、電荷が移動することができる電気の道です。

導体とは

導体の代表は金属です。金属の中には比較的自由に動ける「自由電子」があって、電気を運ぶ「電荷」になります。金属以外の導体には、黒鉛や食塩水などがあります。

導体には**抵抗**(電気抵抗ともいいます)があり、電気が流れる際には摩擦のような働きをします。金属の中で抵抗が少ないのは銀ですが高価なため、電線には銅が多く用いられています。また、軽量なアルミニウムの利用も増えています。

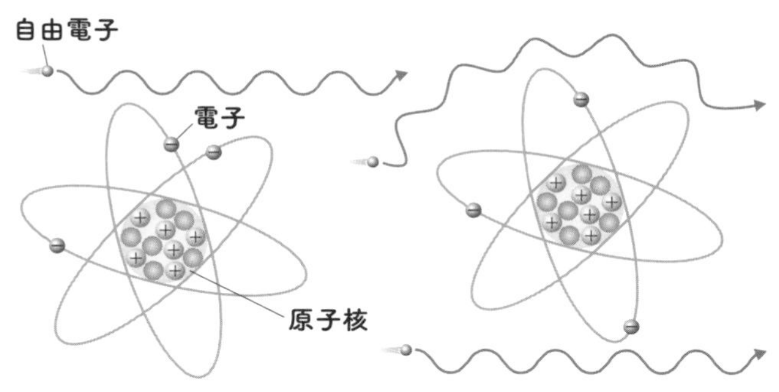

▲ 金属の内部イメージ

電子は、原子核にとらわれて回っているのが普通だけど、自由電子は、そこが違うのか〜。

すべての導体には多かれ少なかれ抵抗があり、電流を阻害する働きをしますが、特殊な素材を極低温に冷却すると抵抗がゼロの**超電導**という状態になります。大電流により強力な磁場を発生させる医療機器など一部で実用化されていますが、日常生活で身近になるには、まだ相当な研究開発が必要です。

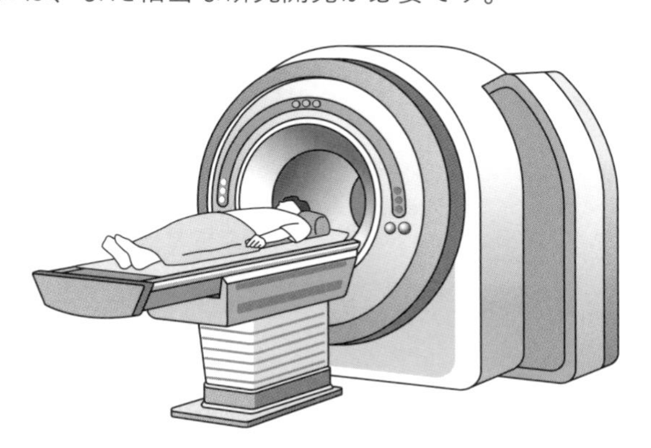

強力な磁場を用いるMRI検査装置

（−269℃という極低温の液体ヘリウムを用いて電気抵抗ゼロの超電導状態を発生）

絶縁体とは

電気が導体を安全に流れるためには、**電気を通さない絶縁体**で導体の周囲をおおう必要があります。高電圧の利用は、絶縁技術の進歩によって実現されています。

家電製品の電源コードでは絶縁体に塩化ビニールが、大容量の電力ケーブルではポリエチレンが主に用いられます。架空送電線の絶縁体は空気です。この場合、導体から一定の**離隔距離**を確保しないと安全が確保できません。

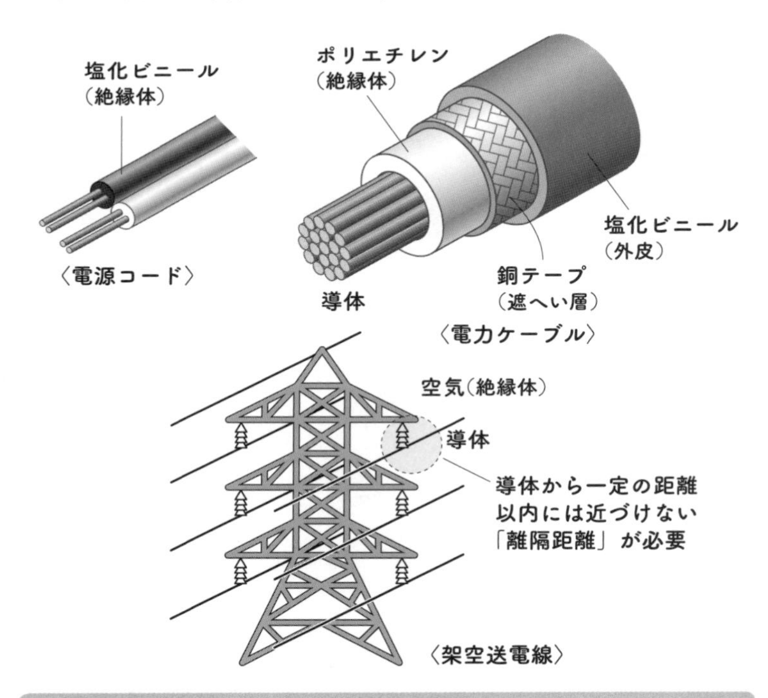

半導体とは

半導体は、条件によって導体にも絶縁体にもなり得る物質です。半導体として最も多く用いられているのはシリコンです。異なる不純物を加えた2種類のシリコンを接合することにより、一方向のみに電流が通過するダイオードや、小さな電流の変化によって別の大きな電流を変化させることができるトランジスタなど、多くの素子が開発されています。

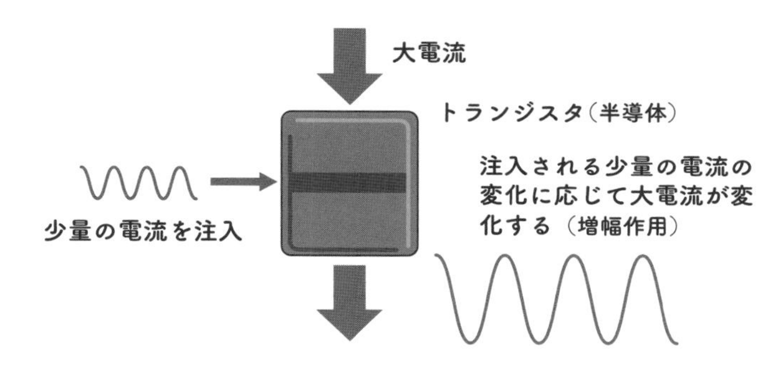

抵抗の特徴と抵抗器

電線の抵抗の大きさは、電線の長さに比例し、断面積に反比例し、導体の抵抗率に比例します。抵抗率は、導体の単位体積あたりの抵抗値に相当します。

本来、導体は抵抗が小さい方が優秀ですが、流れる電流を抑制するため抵抗の大きさを意図的に高めた素子が抵抗器です。抵抗器は、単に「抵抗」とも呼ばれます。

抵抗の大きさの単位は**オーム[Ω]**です。抵抗に1[V]の電源を接続した場合に1[A]の電流が流れる抵抗値が1[Ω]です。

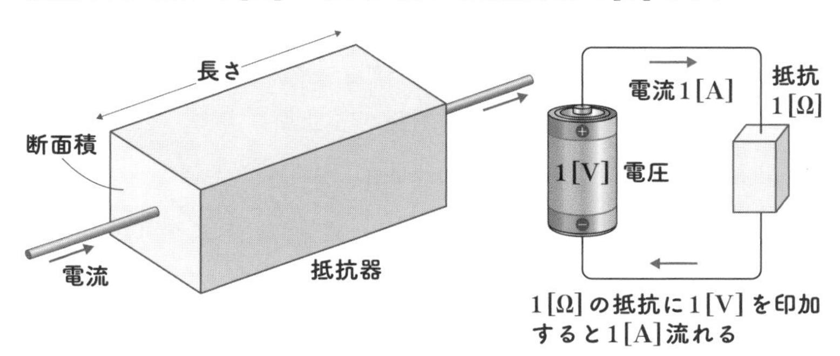

抵抗器の抵抗の大きさは、$\dfrac{\text{長さ}}{\text{断面積}}$ × **導体の抵抗率**

太くて短いと抵抗値が小さくなる

電気回路のあらゆるシーンで登場する―オームの法則

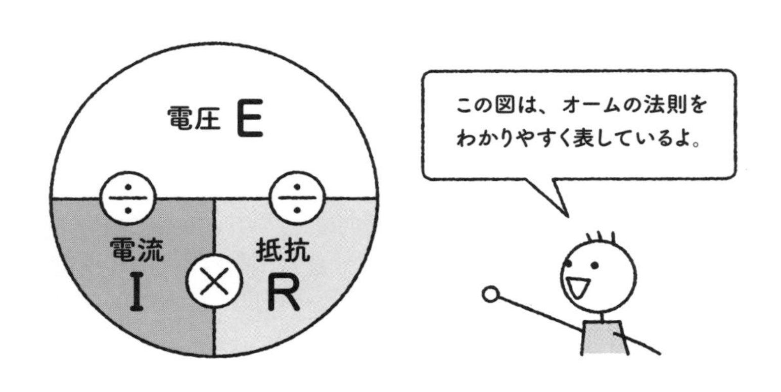

前ページで、1[V]の電源を接続した場合に1[A]の電流が流れる抵抗の値を1[Ω]と示しました。この例を少し一般的に書くと、R[Ω]の抵抗にE[V]の電源を接続するとI[A]の電流が流れる、となります。ここで電圧を2倍にすると電流も2倍、つまり**電圧**と**電流**には、**比例の関係**が成り立ちます。

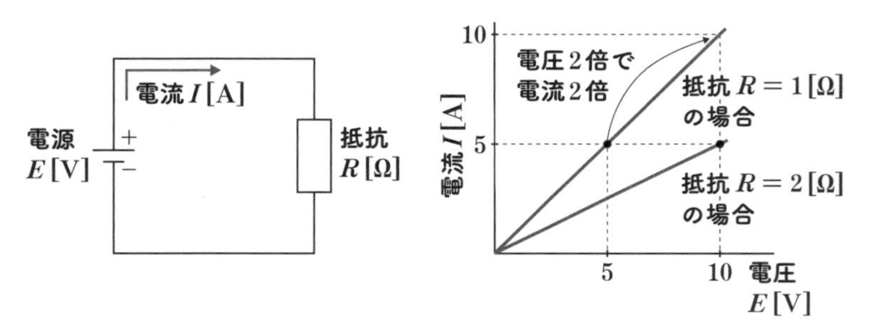

この比例関係を式にすると、

$$E = IR$$

と表すことができます。この関係が**オームの法則**です。オームの法則は、電気回路において最も重要な法則の1つで、電気の世界のあらゆるシーンに登場します。

電圧Eにより抵抗に電流が流れてオームの法則が成り立つとき、抵抗ではEの**電圧降下**が発生し、電源電圧Eを打ち消しています。オームの法則を使えば、抵抗における電圧降下を求めることもできます。

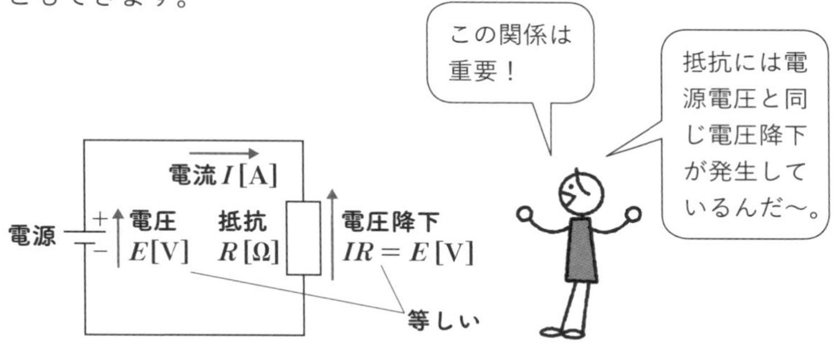

オームの法則を使えば、電気回路の中のさまざまな値を知ることができます。

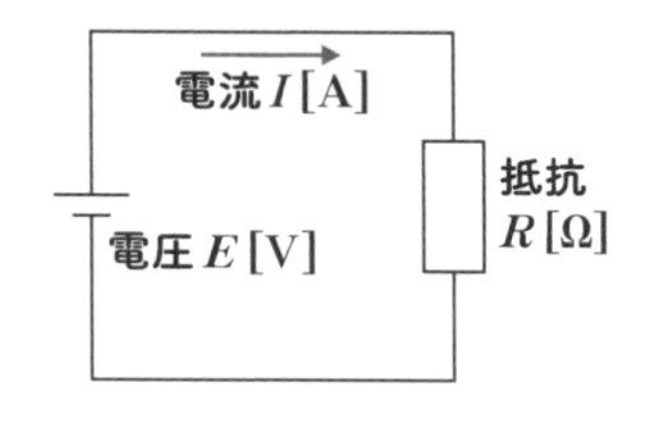

わかっている値	オームの法則によりわかる値
電圧E、電流I	抵抗 $R = \frac{E}{I}$
電圧E、抵抗R	電流 $I = \frac{E}{R}$
電流I、抵抗R	電圧 $E = IR$

抵抗Rの両端の電圧がわかっている場合に、流れる電流Iを求めてみましょう。

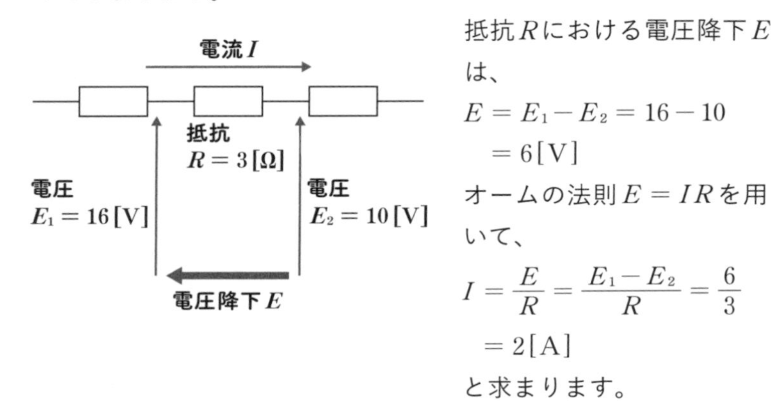

抵抗Rにおける電圧降下Eは、

$$E=E_1-E_2=16-10$$
$$=6\,[\mathrm{V}]$$

オームの法則$E=IR$を用いて、

$$I=\frac{E}{R}=\frac{E_1-E_2}{R}=\frac{6}{3}$$
$$=2\,[\mathrm{A}]$$

と求まります。

抵抗は電流の流しにくさを表しますが、逆数にすると電流の流れやすさを表します。電流の流しやすさは**コンダクタンス**といい、単位は**ジーメンス[S]**です。

コンダクタンスGと抵抗Rには$G=\dfrac{1}{R}\,[\mathrm{S}]$の関係があり、コンダクタンスで表したオームの法則は$E=\dfrac{I}{G}$なので、$I=EG$と表すこともできます。

コンダクタンス$G=0.05\,[\mathrm{S}]$の抵抗Rを$100\,[\mathrm{V}]$の電源に接続した場合の電流Iを求めてみましょう。

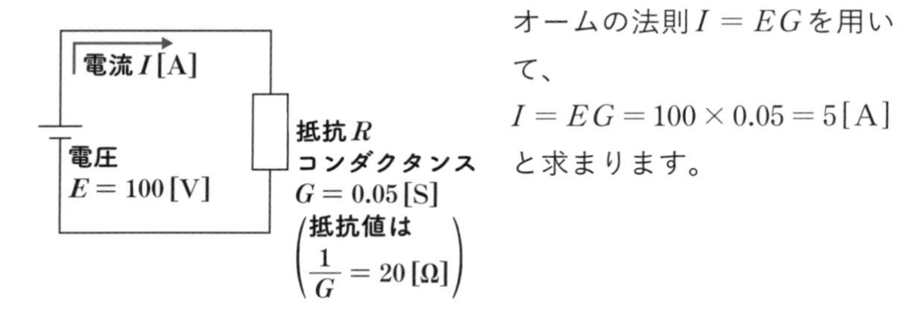

オームの法則$I=EG$を用いて、

$$I=EG=100\times0.05=5\,[\mathrm{A}]$$

と求まります。

コラム｜1

単位に名を残した偉人たち（その1）

アイザック・ニュートン（1643〜1727年：イギリス）
力の単位ニュートン[N]：ニュートン力学や微積分学を確立した物理学の巨人。万有引力の法則も有名。

ジェームズ・ワット（1736〜1819年：イギリス）
仕事率（電力）の単位ワット[W]：蒸気機関を改良し効率を著しく高め、産業革命の発展に寄与。

アレッサンドロ・ボルタ（1745〜1827年：イタリア）
電圧の単位ボルト[V]：世界初の化学電池となるボルタ電池を発明。静電容量や電荷の研究を進めた。

アンドレ＝マリ・アンペール（1775〜1836年：フランス）
電流の単位アンペア[A]：電流と磁界、電流に働く力に関する研究を進め、電気の流れが小さな粒の電荷によることを提案。

ゲオルク・オーム（1789〜1854年：ドイツ）
抵抗の単位オーム[Ω]：オームの法則を再発見（キャベンディッシュが発見したが公表されず、オームが独自に発見し公表）。

ジェームズ・プレスコット・ジュール（1818〜1889年：イギリス）
仕事の単位ジュール[J]：電気や熱のエネルギーについて研究し、エネルギー保存則を発見。

電気が消費または発生する力と仕事—電力と電力量

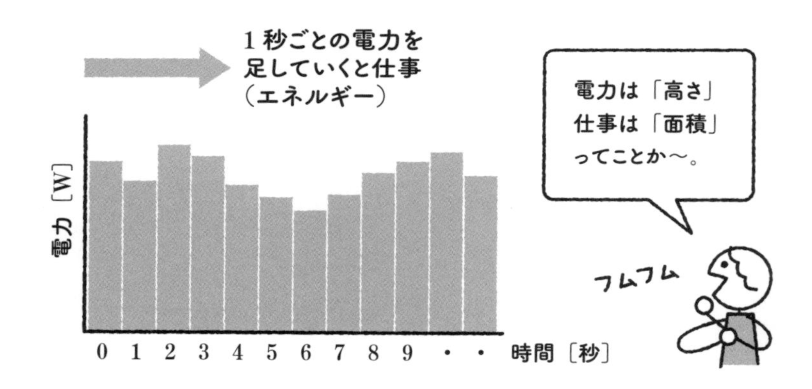

電力＝電圧×電流です。電力の単位は**ワット[W]**、**仕事率**ともいい、力(パワー)とも呼ばれます。仕事率とは1秒間あたりの仕事なので、**仕事＝仕事率×時間**[秒]となります。仕事の単位は**ジュール[J]**です。「仕事」より「エネルギー」と呼ぶ方が馴染みがあるかもしれません。

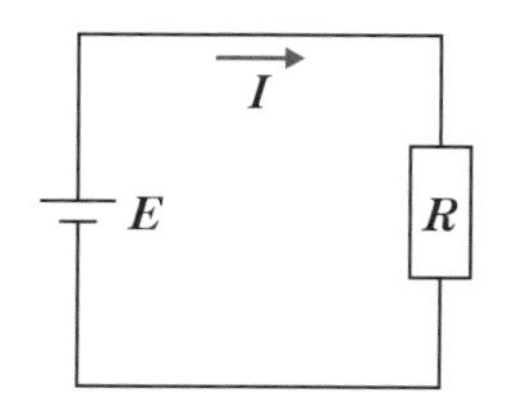

抵抗Rで消費する電力Pは、

$$P = EI = \frac{E^2}{R} = I^2R$$

オームの法則$E = IR$より

1[W]の電力を消費する回路に電流を1秒間流すと、1[J]の電力を消費します。1[g]の水を1[℃]温めるのに必要な熱量(仕事)は約4.2[J]なので、消費する電力がすべて熱に変わるとすると、この回路に電流を4.2秒間流すことにより、1[g]の水の温度が約1[℃]上昇します。

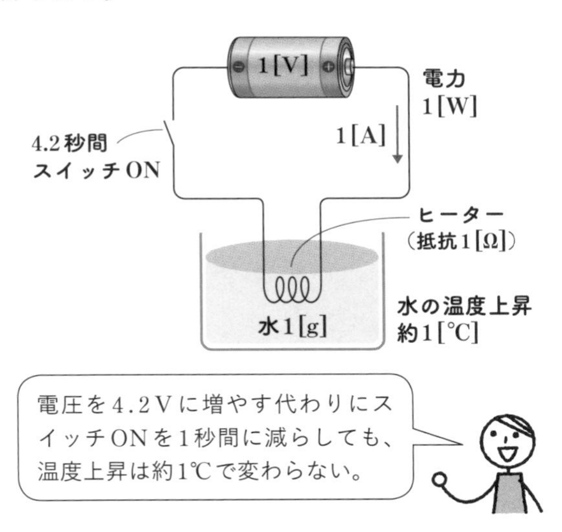

電気の世界では、仕事(あるいはエネルギー)を**電力量**とも呼びます。電力量と仕事は同義なので単位はジュール[J]ですが、1[W]の電力を1時間流すことに相当する電力量としてワットアワー[Wh]という単位もよく用いられます。1[Wh] = 3,600[J]です。

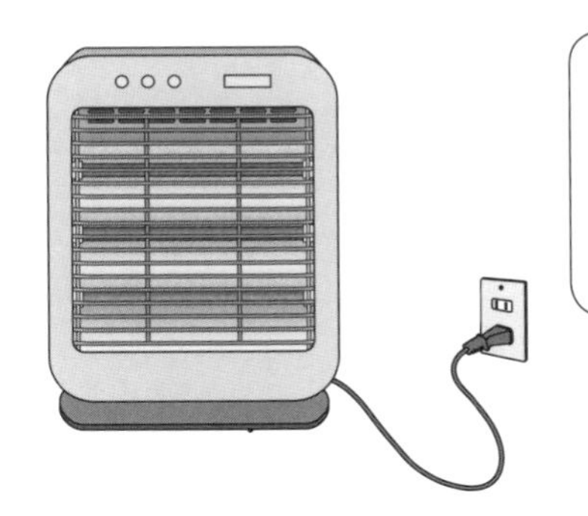

直流 交流 正弦波

6 常に一方通行？片側交互通行？―直流と交流

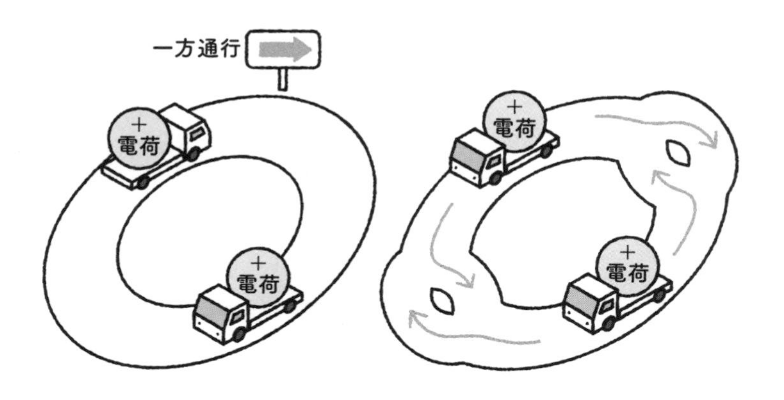

電気には**直流**と**交流**があります。直流は電圧の極性（プラスとマイナスの向き）が常に一定で、電流が一定の方向に流れます。一方の交流は、電圧の極性が常に変化していて、電流の方向も変化しています。

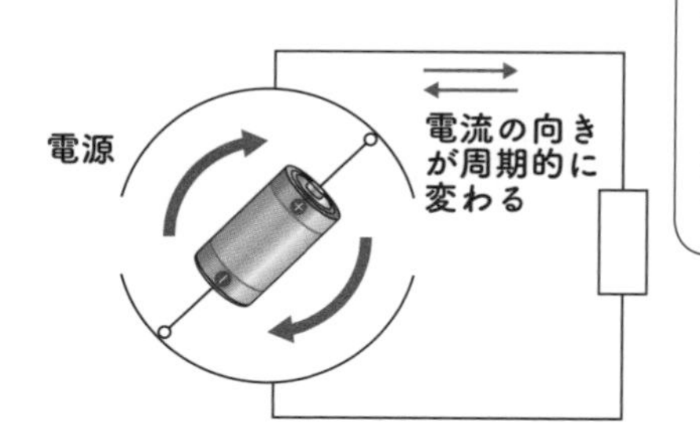

実際の交流も、発電機の回転によって電圧の極性が切り替わっているので、この図は交流のイメージを正しく表現しているね！

ちなみに、電圧が常に変化していても極性が変わらない限り、直流に分類されます。

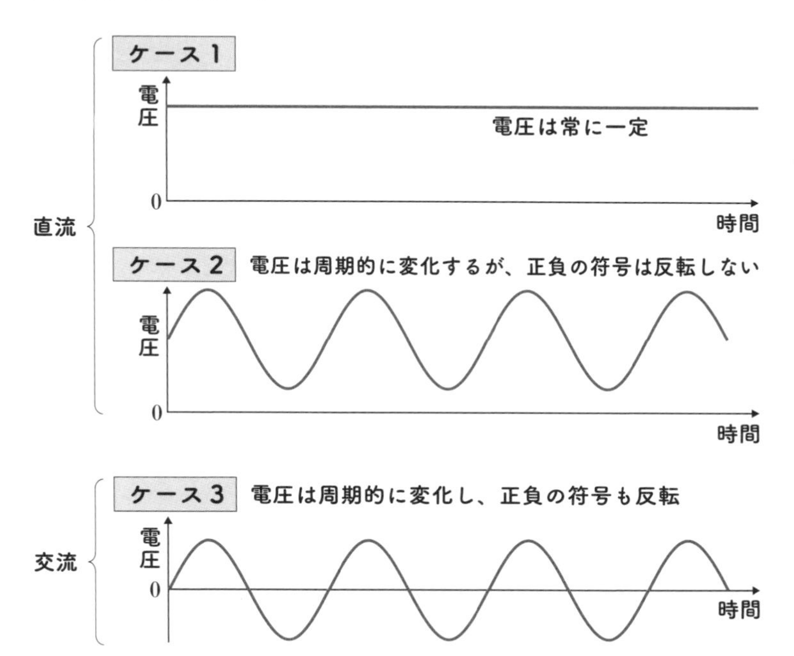

ケース2は、分類上は直流ですが、電圧と電流が周期的に変化しているという点では交流の性質も持ち合わせています。⑦で示すファラデーの法則のような「変化」に応じて発生する現象は、ケース2でもケース3と同様に生じるからです。

この本では、直流は電圧や電流が一定の値となるケース1を、交流は電圧や電流の波形が**正弦波**（⑭参照）となるケース3を基本に扱います。

磁界　磁束　誘導起電力

7 親子か兄弟のような、とても近い関係—電気と磁気

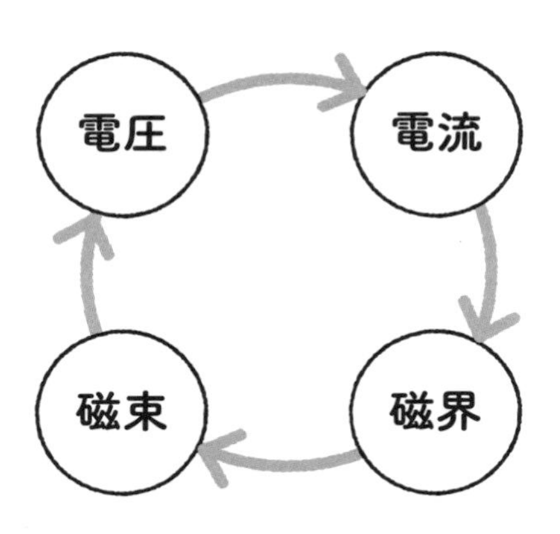

電気は磁気を発生させ、磁気は電気を発生させる、この電気と磁気の関係は「電磁気学」という美しい理論体系に整理されています。そこで、電気回路を知るうえで不可欠な電磁気学の内容について、簡単に説明します。

アンペールの法則：電流➡磁界

導体に電流を流すと、周りに**磁界**が発生します。磁界の強さHは電流Iからの距離に反比例し、電流Iの強さに比例します。この関係を**アンペールの法則**といいます。導体をコイル状に巻くと、巻数に応じて磁界が強くなります。

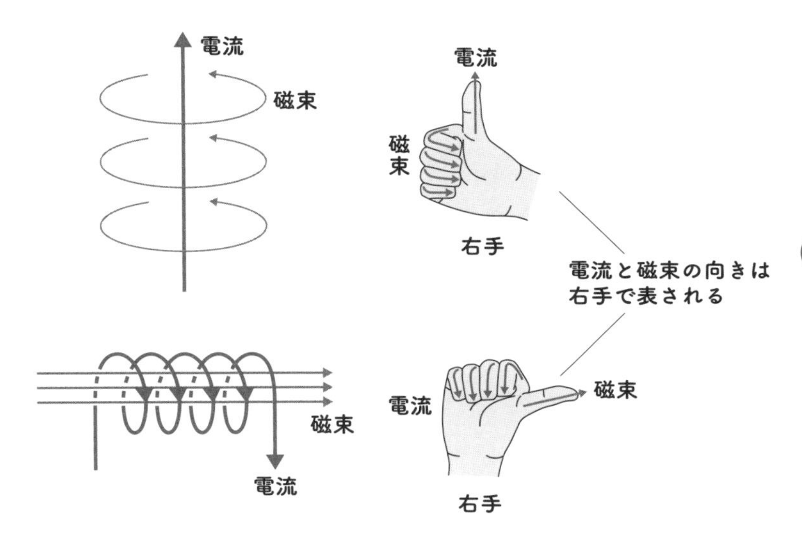

磁界Hが発生すると、**磁束**という磁気の流れが生じます。また、磁束が流れる経路には磁束の流れにくさに相当する**磁気抵抗**というものがあります。磁束ϕと磁気抵抗R_{m}の間には$F = R_{\mathrm{m}}\phi$の関係が成り立ちます(磁気回路のオームの法則)。ここでFは**起磁力**と呼ばれ、磁束を流そうとする圧力に相当します。起磁力は磁界の強さを磁束が流れる経路に沿って足し合わせた値なので、磁界を発生させる電流に比例した値となります。

要約すると、電流に比例する磁界が発生し、磁界に比例する磁束が流れる、つまり「**電流に比例する磁束が発生**する」です。

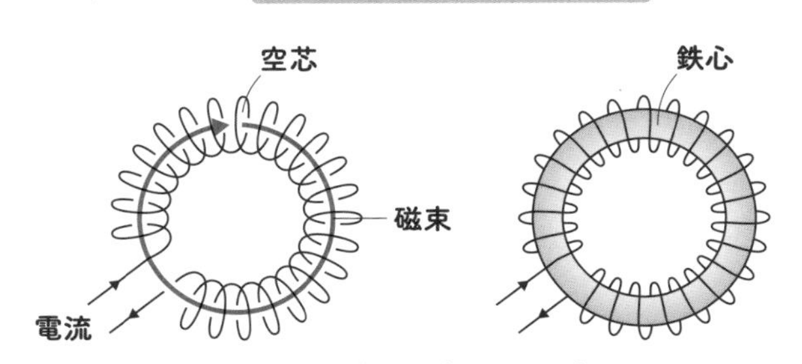

鉄の磁気抵抗は空気の1/10,000程度なので、
鉄心を入れると磁束ϕは10,000倍多くなる

ファラデーの法則：磁束の変化➡電圧

磁束の流れが導体に直交している状態で、**磁束が変化**すると、磁束の変化に応じた**誘導起電力**(電圧)が導体に発生します。この関係を**ファラデーの法則**といいます。

要約すると、「**磁束の変化に比例する電圧が発生**する」です。

この電圧により電流が流れると、アンペールの法則により磁界が発生し磁束が流れますが、この磁束は、もとの磁束の変化を打ち消すように作用します。

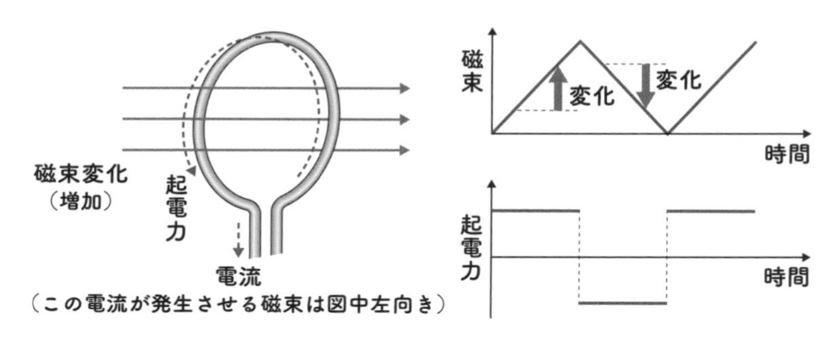

導体に直交する磁束の変化とは、磁束自体の強さの変化だけでなく、導体が移動することにより磁束を横切る場合も該当します。発電機は、この法則により電圧を発生させています。

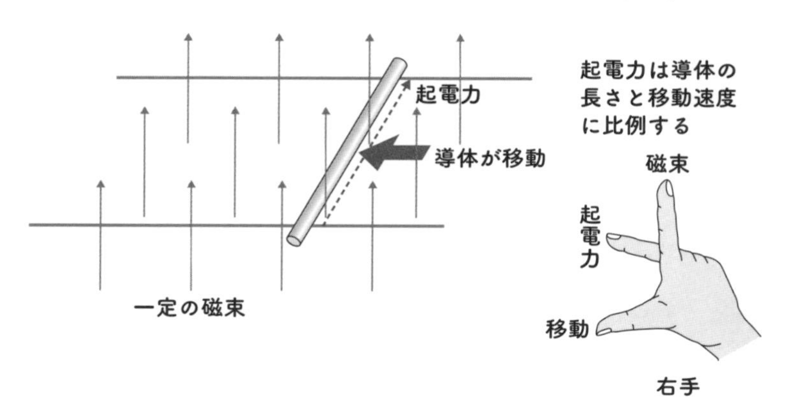

電磁力：導体に働く力

磁束の流れが導体に直交している状態で導体に電気が流れると、導体を動かそうとする力が発生します。実際には導体中を移動する電荷、つまり電子に対して力が働いており、この力はローレンツ力と呼ばれています。モーターは、この力により回転力を発生させています。

要約すると、「**磁束と電流に比例する力が発生**する」です。

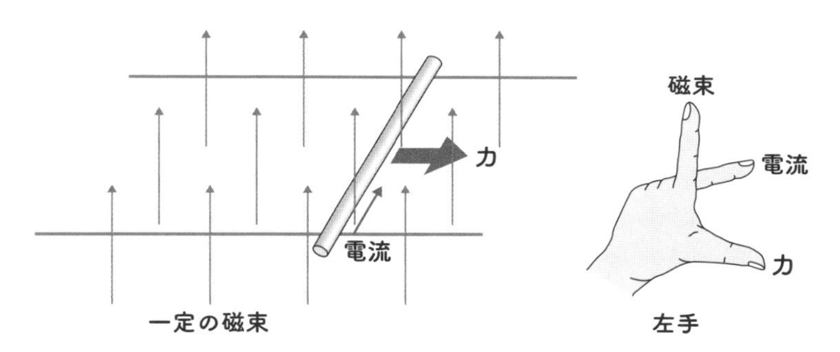

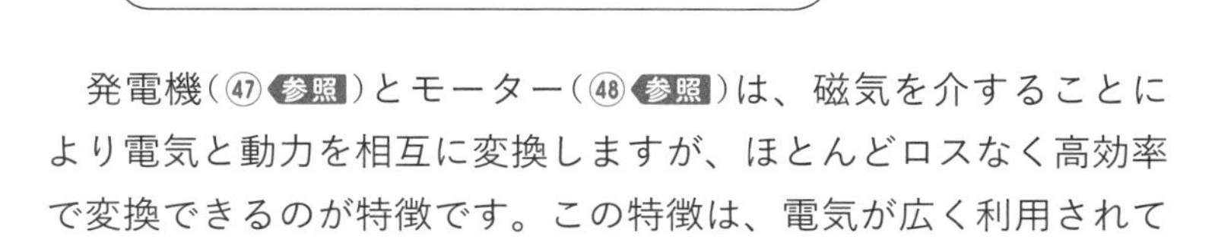

発電機（㊼参照）とモーター（㊽参照）は、磁気を介することにより電気と動力を相互に変換しますが、ほとんどロスなく高効率で変換できるのが特徴です。この特徴は、電気が広く利用されている理由の1つになっています。

Chapter

2 直流回路の考え方

ここで扱う直流は、電圧や電流が常に一定の状態です。この静かな流れは、流れを把握するためのさまざまな手法を理解するには好都合です。Chapter2では、電気の流れを知るための手法を中心に学んでいきます。

増えるか減るかイメージしよう―直列接続と並列接続

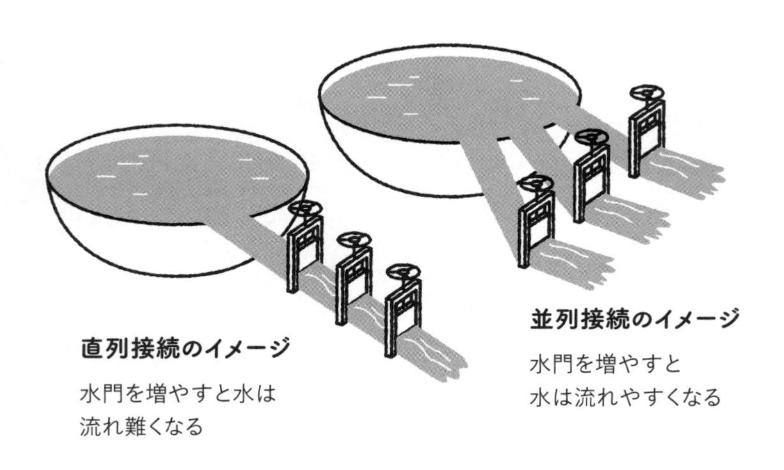

電圧は水の落差による水圧、電流は水流の量、抵抗は水量を制限する水門としてイメージできます。抵抗の**直列接続**と**並列接続**についても、このイメージがそのままあてはまります。

抵抗の直列接続

抵抗を直列に接続すれば、電流の流れ難さは増していきます。つまり、抵抗値$R_1[\Omega]$、$R_2[\Omega]$、$R_3[\Omega]$の3つの抵抗を直列に接続すれば、$R_1+R_2+R_3[\Omega]$の1つの抵抗と等価です。

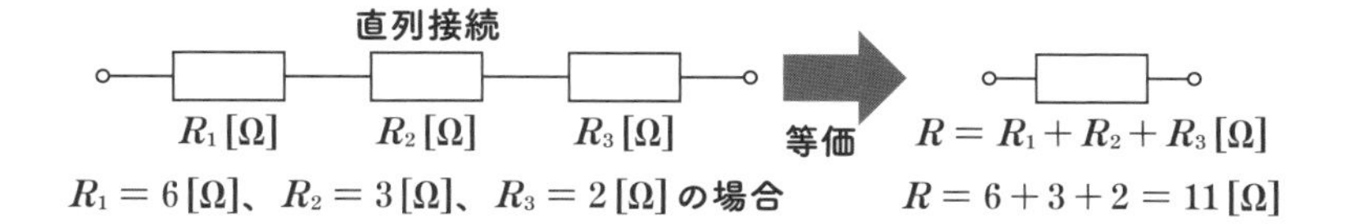

抵抗の並列接続

水門を並列に設置すれば水の量が増加するのと同様に、抵抗を並列に接続すると電流が流れやすくなります。つまり、抵抗値は、**並列接続**によって**小さく**なります。

ここで活躍するのが、電流の流れやすさを表す**コンダクタンス**です（④参照）。並列接続した抵抗のコンダクタンスは、各抵抗それぞれのコンダクタンスの合計値となります。この合計コンダクタンスを逆数にすれば、並列接続した抵抗値になります。

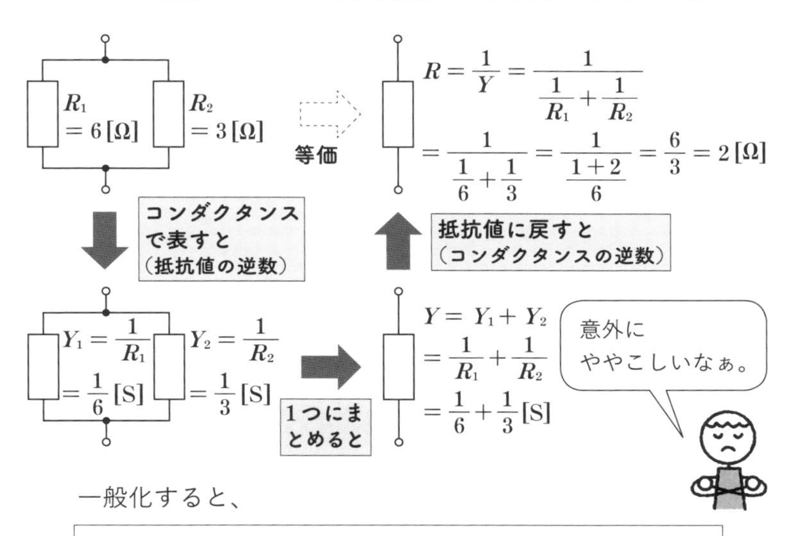

一般化すると、

R_1 [Ω]、R_2 [Ω]、R_3 [Ω]、R_4 [Ω]、…を並列接続すると、

$$R = \frac{1}{\frac{1}{R_1} + \frac{1}{R_2} + \frac{1}{R_3} + \frac{1}{R_4} + \cdots} \text{ [Ω]}$$

回路を駆動する動力源—電圧源と電流源

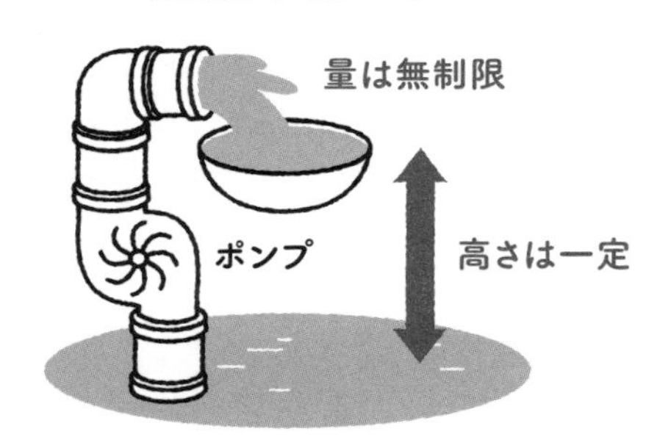

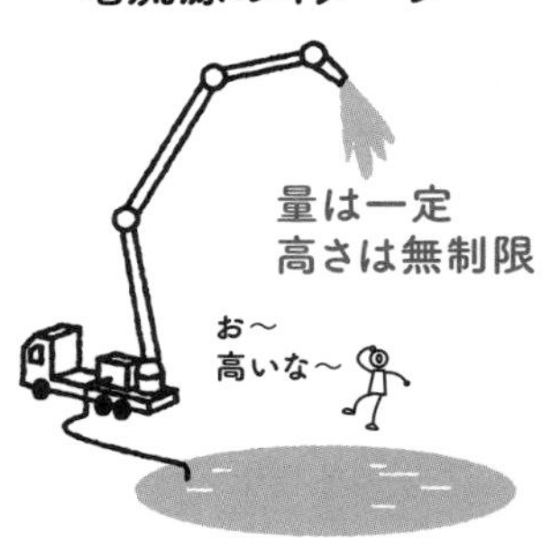

電気回路には電流を流すための**電源**が必要です。水に例えると、電源は水を汲み上げて圧力を生じさせる「ポンプ」に相当します。電源には**電圧源**と**電流源**があります。

電圧源

電圧源は、汲み上げる高さ(揚程)は一定ですが、無制限に大量の水を汲み上げることができるポンプのイメージです。理想電圧源の場合、

(1) 際限なく大きな電流を流せる

(2) 電流が変化しても電圧は変動しない(内部抵抗ゼロ)

という特徴を持ちます。

実際の電圧源は、電流に応じて電圧が変化してしまうため、理想電圧源に**直列に内部抵抗**を加えた回路で表します。

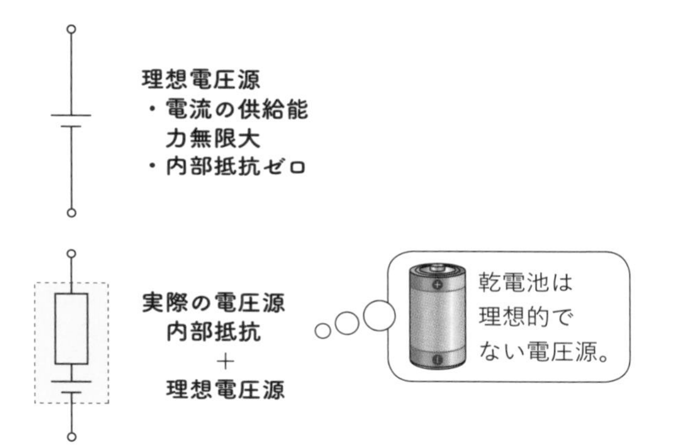

電流源

電流源は、汲み上げる水量は一定ですが、無制限の高さまで汲み上げることができるポンプのイメージです。理想電流源の場合、

（1） 電圧の発生能力は無限大（電流の流れにくい負荷に対しても想定の電流を流すことができる）

（2） 内部抵抗は無限大（負荷が変化しても流す電流は変動しない）

という特徴を持ちます。実際の電流源は、理想電流源に**並列に内部抵抗**を加えた回路で表します。

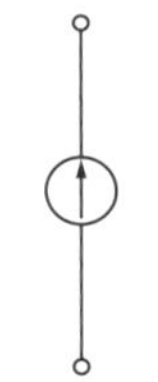

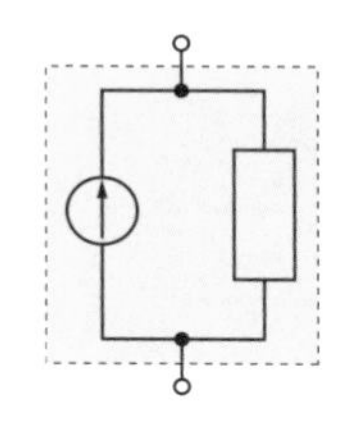

10 複雑な回路もこれで解決 ―閉路方程式

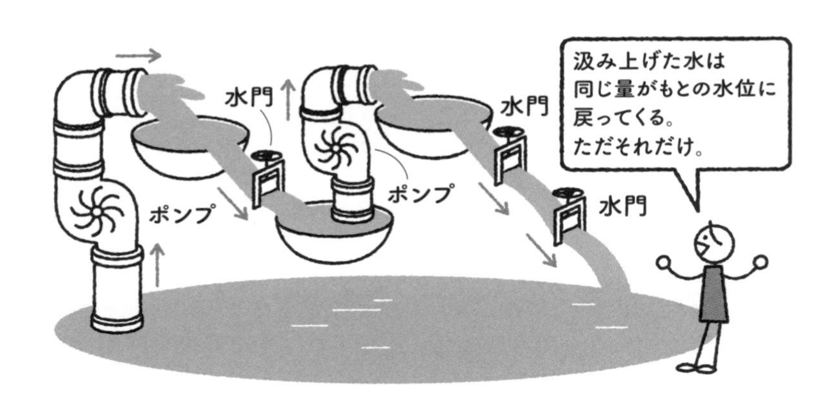

キルヒホッフの法則を使えば、複数の抵抗や電源が複雑に接続された電気回路を効率的に解析することができます。

キルヒホッフの法則は**オームの法則**（④参照）を拡張したもので、電流則（第1法則）と電圧則（第2法則）があります。このうち電圧則は、「回路網中の任意の閉路を一巡するとき、起電力の総和と**電圧降下**の総和は等しい」というものです。

この電圧則を実際の回路にあてはめたものが**閉路方程式**です。次の回路で抵抗R_1～R_3に流れる電流を、閉路方程式を用いて求めてみましょう。

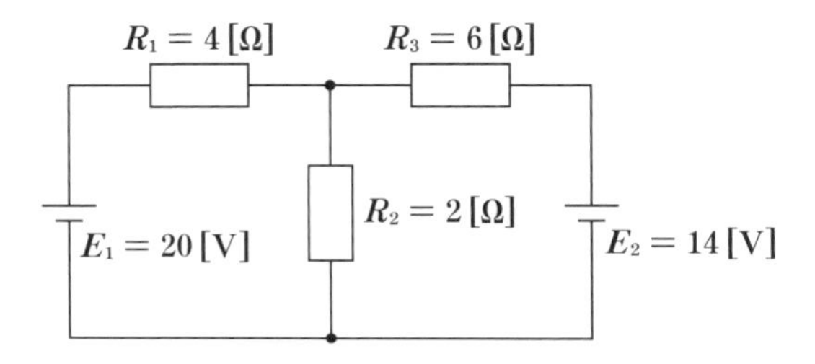

このように2つの閉路を仮定し、それぞれに流れる電流をi_1～i_2とします。

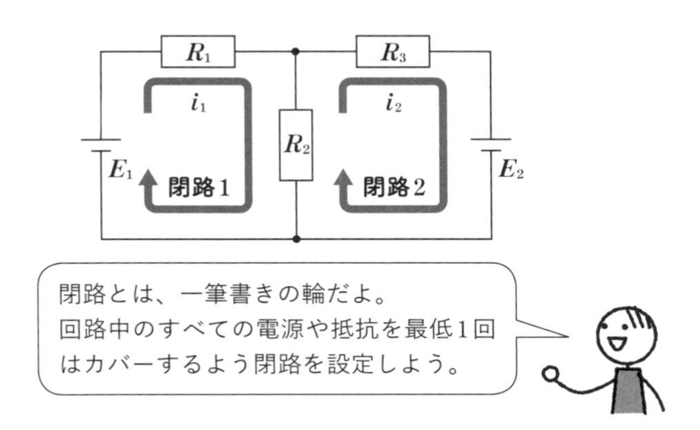

各閉路にキルヒホッフの電圧則を適用すると、

(1) 閉路1について

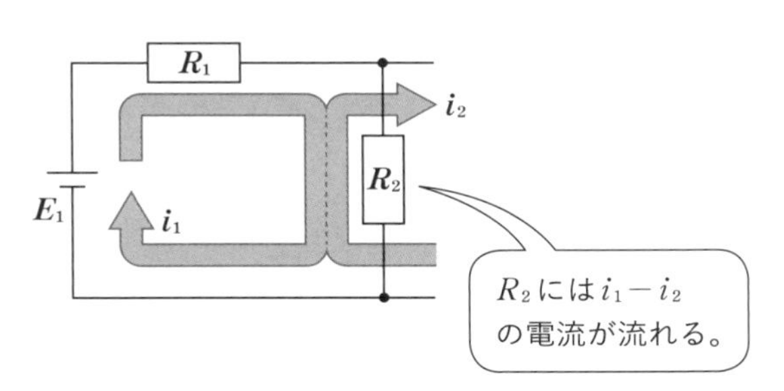

- R_1に流れる電流はi_1なので、 R_1の電圧降下は　i_1R_1
- R_2に流れる電流は$i_1 - i_2$なので、R_2の電圧降下は　$(i_1 - i_2)R_2$
  （i_1の向きに対し）
- 電圧則を適用すると、$\boldsymbol{E_1 = i_1R_1 + (i_1 - i_2)R_2}$
  （i_1R_1：R_1の電圧降下　$(i_1 - i_2)R_2$：R_2の電圧降下）

$$20 = 4i_1 + 2(i_1 - i_2) = 6i_1 - 2i_2$$

（2）閉路2について

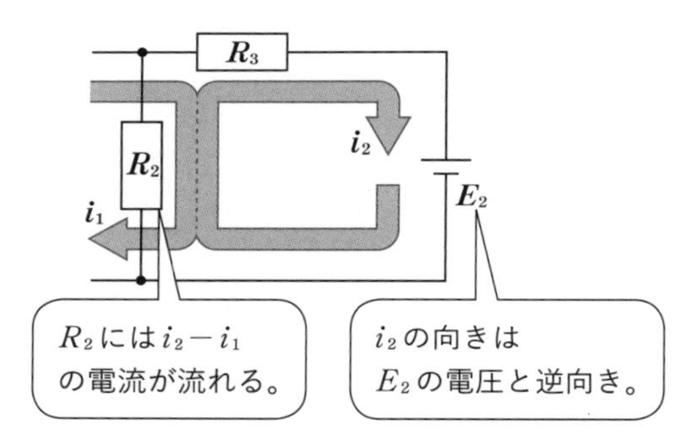

- R_3に流れる電流はi_2なので、 R_3の電圧降下は　i_2R_3
- R_2に流れる電流は$i_2 - i_1$なので、 R_2の電圧降下は $(i_2 - i_1)R_2$
  （i_2の向きに対し）
- 電圧則を適用すると、$\boldsymbol{-E_2 = i_2R_3 + (i_2 - i_1)R_2}$
  （$-E_2$：E_2の電圧に対し、電流i_2は逆向き　i_2R_3：R_3の電圧降下　$(i_2 - i_1)R_2$：R_2の電圧降下）

$$-14 = 6i_2 + 2(i_2 - i_1) = -2i_1 + 8i_2$$

これを整理すると、

(1)より、$6i_1 - 2i_2 = 20$

(2)より、$-2i_1 + 8i_2 = -14$

という連立方程式が得られます。

これを解いて、$i_1 = 3$[A]、$i_2 = -1$[A]と求まります。

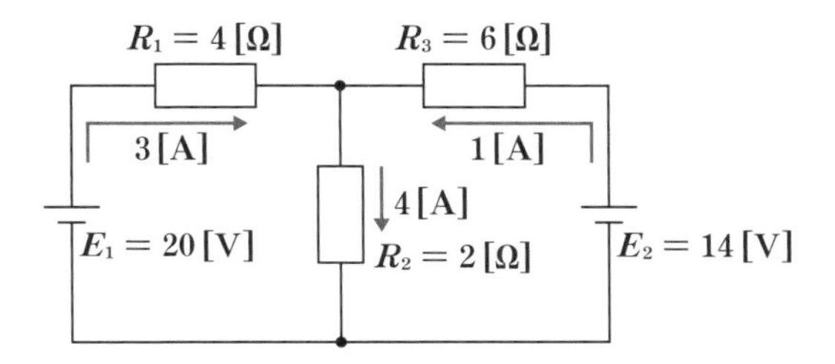

実は、閉路の置き方は1通りではありません。この例題でもさまざまな閉路の置き方が可能です。もちろん、閉路をどのように置いても答えは同じです。

参考　**異なる閉路の置き方(例)**

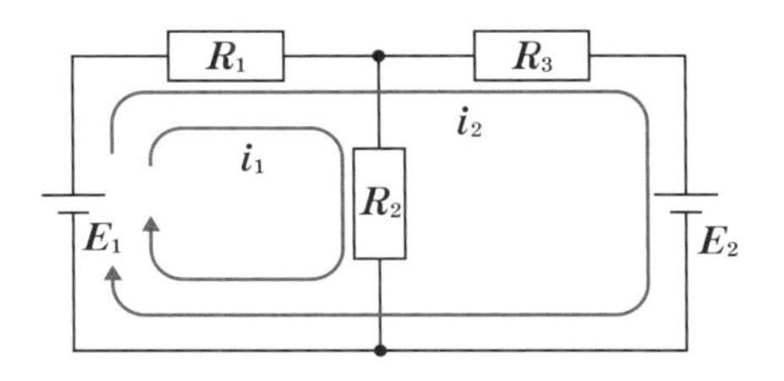

i_1の経路について、$E_1 = (i_1 + i_2)R_1 + i_1 R_2$

i_2の経路について、$E_1 = (i_1 + i_2)R_1 + i_2 R_3 + E_2$

回路が複雑になると、設定する閉路の数も増えていきます。閉路が3個であれば三元連立方程式、4個であれば四元連立方程式、と電流に関する連立方程式も大きくなり、解くのが大変になります。

11 大規模回路に適した実用性の高い手法—節点方程式

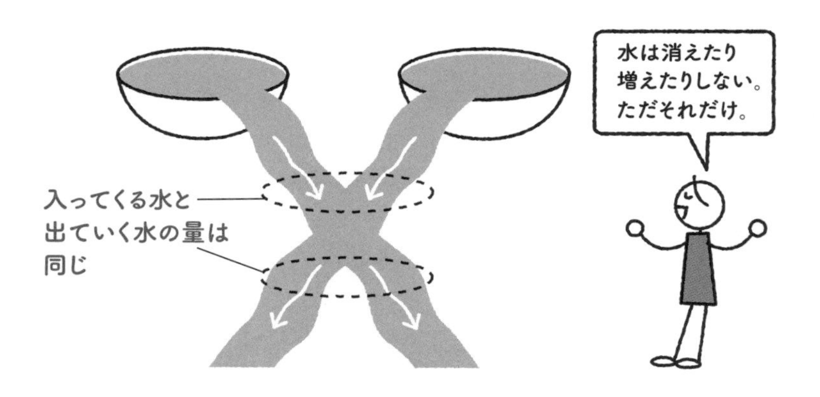

キルヒホッフの法則の電流則（第1法則）は、「電気回路の任意の分岐点において、流入する**電流の和**は流出する電流の和に等しい」というものです。

回路が枝分かれし、電流が分流する分岐点を「節点」といいます。電流則は、回路中のすべての節点において、節点から節点に流れる細切れの電流について成り立ちます。

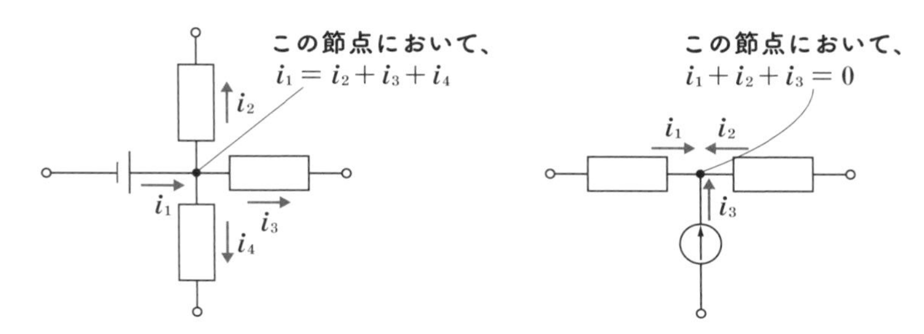

これを実際の回路にあてはめたものが**節点方程式**です。⑩と同じ回路を節点方程式で解いてみましょう。

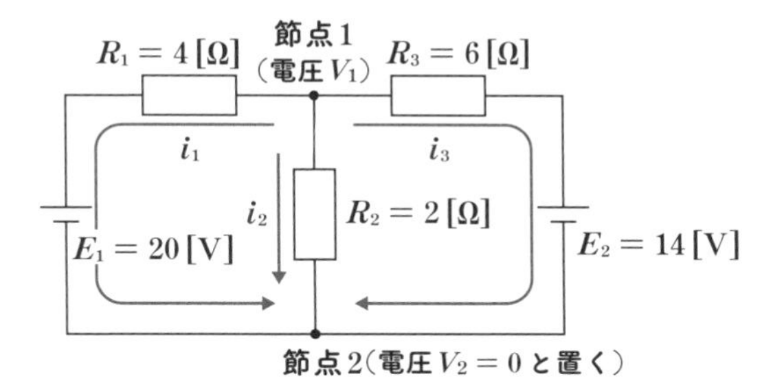

この回路には2つ節点があり、各節点の電圧をV_1〜V_2と置きます。このうちV_2は基準電位（電位ゼロ）と仮定します。次に、節点間の電流を求めますが、この際、電流の流しやすさを表すコンダクタンス[S]を用いると便利です（④参照）。

（1）i_1について

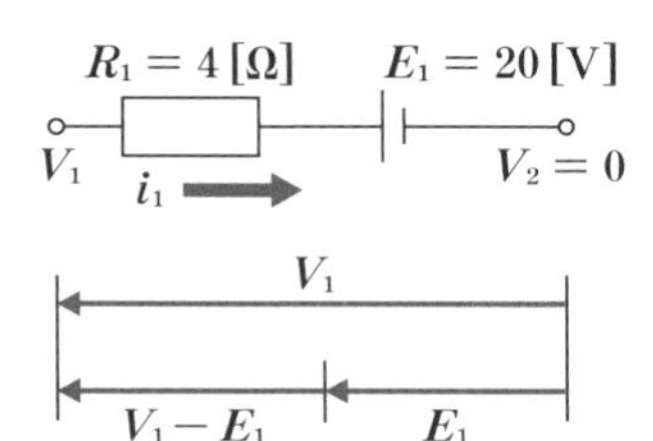

R_1に掛かる電圧は$V_1 - E_1$なので、

$$i_1 = \frac{V_1 - E_1}{R_1} = Y_1(V_1 - E_1)$$

コンダクタンス$Y_1 = \frac{1}{R_1}$

$$= \frac{1}{4}(V_1 - 20)$$

(2) i_2について

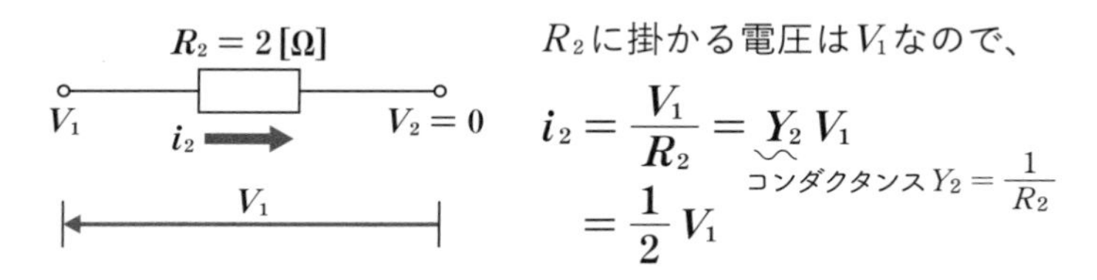

R_2に掛かる電圧はV_1なので、

$$i_2 = \frac{V_1}{R_2} = \underset{\text{コンダクタンス}\,Y_2 = \frac{1}{R_2}}{Y_2}\,V_1$$

$$= \frac{1}{2}V_1$$

(3) i_3について

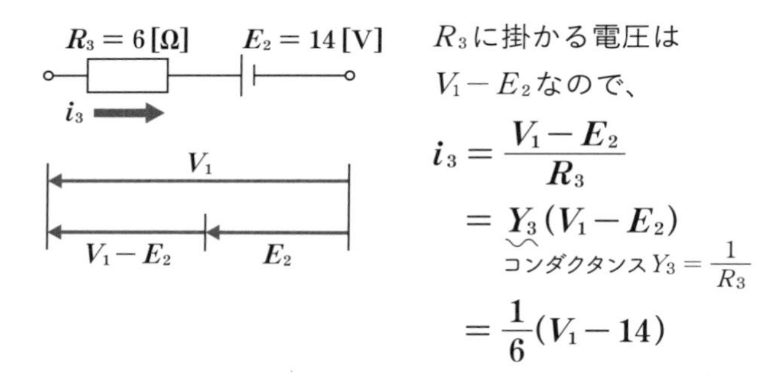

R_3に掛かる電圧は$V_1 - E_2$なので、

$$i_3 = \frac{V_1 - E_2}{R_3}$$

$$= \underset{\text{コンダクタンス}\,Y_3 = \frac{1}{R_3}}{Y_3}(V_1 - E_2)$$

$$= \frac{1}{6}(V_1 - 14)$$

節点1について、キルヒホッフの電流則を適用すると$i_1 + i_2 + i_3 = 0$なので、(1)、(2)、(3)より、

$$\underbrace{Y_1(V_1 - E_1)}_{i_1} + \underbrace{Y_2 V_1}_{i_2} + \underbrace{Y_3(V_1 - E_2)}_{i_3} = 0$$

$$\frac{1}{4}(V_1 - 20) + \frac{1}{2}V_1 + \frac{1}{6}(V_1 - 14) = 0$$

なので$V_1 = 8\,[\mathrm{V}]$と求まります。

$$i_1 = \frac{1}{4}(8 - 20) = -3\,[\mathrm{A}]、$$

$$i_2 = \frac{1}{2}8 = 4\,[\mathrm{A}]、$$

$$i_3 = \frac{1}{6}(8 - 14) = -1\,[\mathrm{A}]$$

参考　節点が増えた場合の解き方（例）

節点間の各電流は、

節点1 (V_1)　節点2 (V_2)

R_1　R_3　R_5　R_2　R_4　i_1　i_2　i_3　i_4　i_5　E_1　E_2

$V_3 = 0$

コンダクタンス

$$i_1 = Y_1(V_1 - E_1)$$
$$i_2 = Y_2 V_1$$
$$i_3 = Y_3(V_1 - V_2)$$
$$i_4 = Y_4 V_2$$
$$i_5 = Y_5(V_2 - E_2)$$

- 節点1についてキルヒホッフの電流則を適用し、
  $i_1 + i_2 + i_3 = 0$
- 節点2について同様に　$i_3 = i_4 + i_5$
  この2つの関係から連立方程式により、V_1とV_2を求めます。

閉路方程式と節点方程式、どちらも同じ答えを得られますが、多くの人が閉路方程式を使いやすく感じたのではないでしょうか。しかし、閉路や節点が何百も何千もある場合にはどうでしょうか？

閉路方程式の場合にはさまざまな閉路の置き方があるため、大規模な回路では閉路の組み合わせが多く、設定が難しくなります。一方の節点方程式は、節点のすべてに番号を振って、隣の節点との間の電流について機械的に方程式を立てていくことができます。コンピューターを用いて解析する場合には、閉路方程式より節点方程式の方が扱いやすいため、よく用いられています。

12 電気回路のテクニック（その1）—電圧源と電流源の変換

実際の電圧源は理想電圧源に内部抵抗を直列接続したもの、電流源は理想電流源に内部抵抗を並列接続したものですが（⑨参照）、実は、この**電圧源**と**電流源**には完全な**互換性**があります。つまり電圧源を電流源に、あるいは逆に置き換えても、回路の電圧や電流は変化しません。

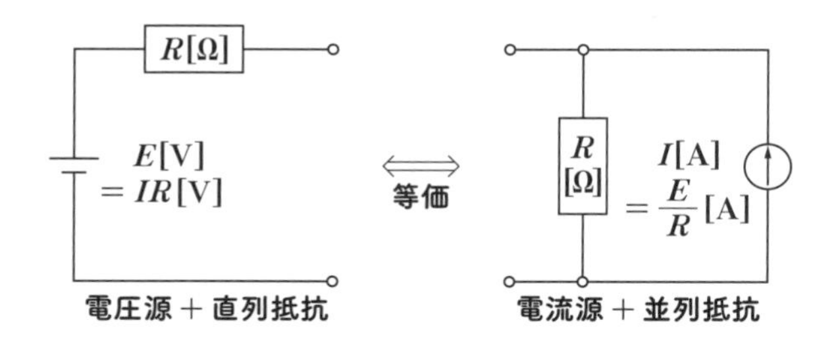

次の2つの回路は、外部に接続する抵抗の値を変化させても両回路の電圧と電流が一致する、つまり等価の回路です。

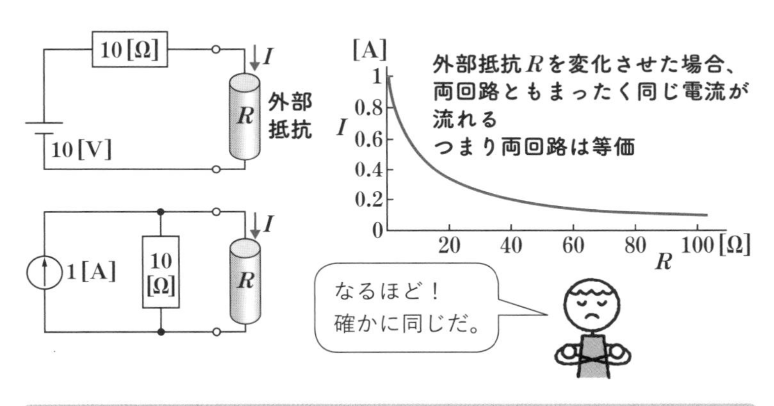

テブナンの定理

電圧源と電流源の変換をうまく利用すると、複雑な回路でもほとんど暗算で解ける場合があります。複数の電源が**直列**に接続されている場合は、**電圧源に変換**して集約していきます。

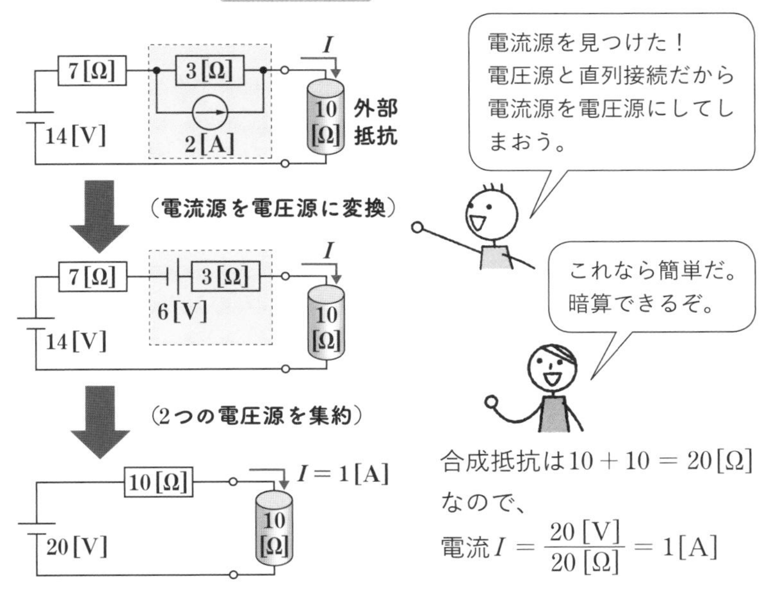

合成抵抗は$10 + 10 = 20[\Omega]$なので、

電流$I = \dfrac{20\,[\mathrm{V}]}{20\,[\Omega]} = 1[\mathrm{A}]$

このように、複雑な回路を1つの電圧源に集約し、外部に接続する抵抗の電圧・電流を求める方法を**テブナンの定理**といいます。

ノートンの定理

複数の電源が**並列**に接続されている場合は、**電流源に変換**して集約していきます。

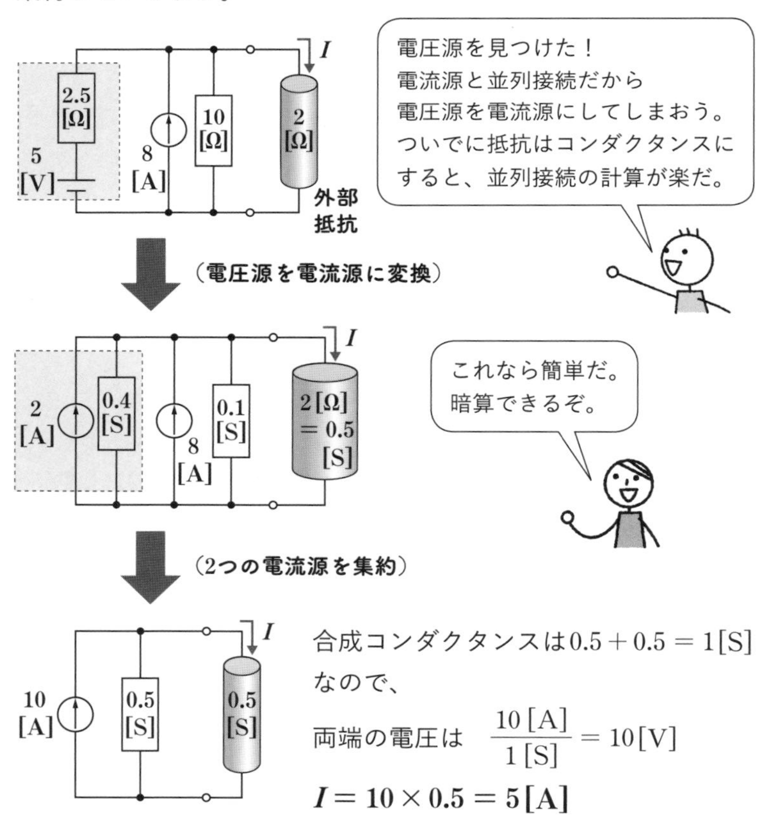

このように、複雑な回路を1つの電流源に集約し、外部に接続する抵抗の電圧・電流を求める方法を、**ノートンの定理**といいます。

参考

テブナン・ノートンの定理を使って、内部がわからないブラックボックスの回路の中身を、測定により求めてみましょう。

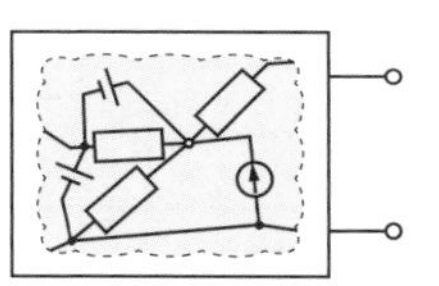

中身はブラックボックス

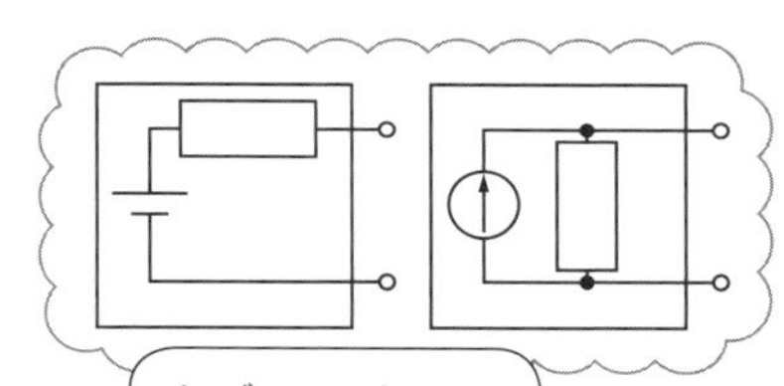

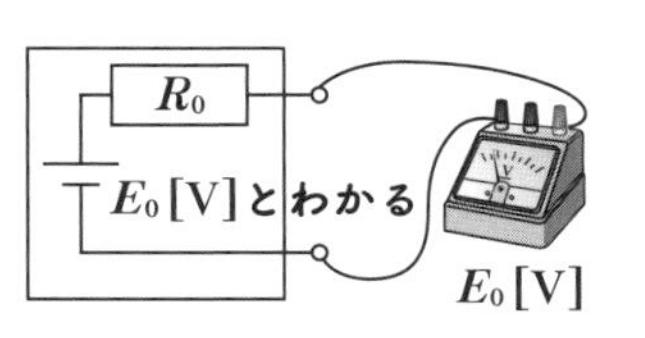

外部に電圧計のみを接続すると、測定電圧はE_0[V]

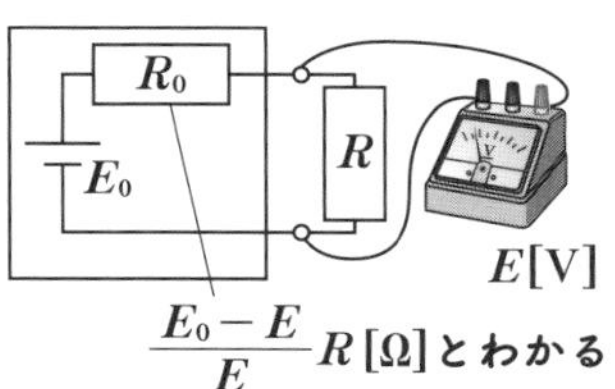

外部抵抗R[Ω]を接続すると、測定電圧はE[V]

$$E = E_0 \frac{R}{R_0+R}$$ より、

$$R_0 = \frac{E_0-E}{E} R \, [\Omega]$$

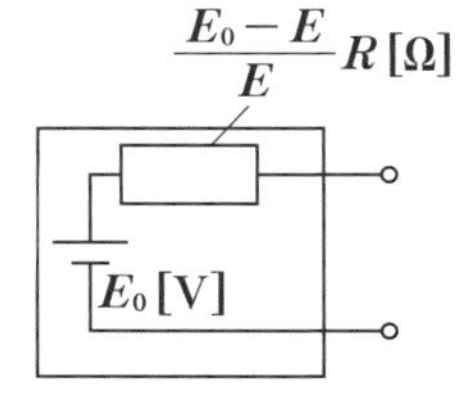

13 電気回路のテクニック（その2）―重ね合わせの理

重ね合わせの理は、「複数の電源がある回路で、回路の任意の点の電流や電圧は、それぞれの電源が単独で存在した場合の値の和に等しい」という定理です。「重ねの理」とも呼ばれます。

重ね合わせの理を利用する際には、回路中に複数ある電源を、順番に1つを残して取り除いていきます。**電圧源を取り除く**際は**短絡**、**電流源を取り除く**際は**開放**とします。

電圧源と電流源をそれぞれ持つ、次の回路で抵抗Rに流れる電流Iを求めてみましょう。Iは電流源を開放して電圧源により流れる電流i_1と、電圧源を短絡して電流源により流れる電流i_2を合計した$i_1 + i_2$となります。

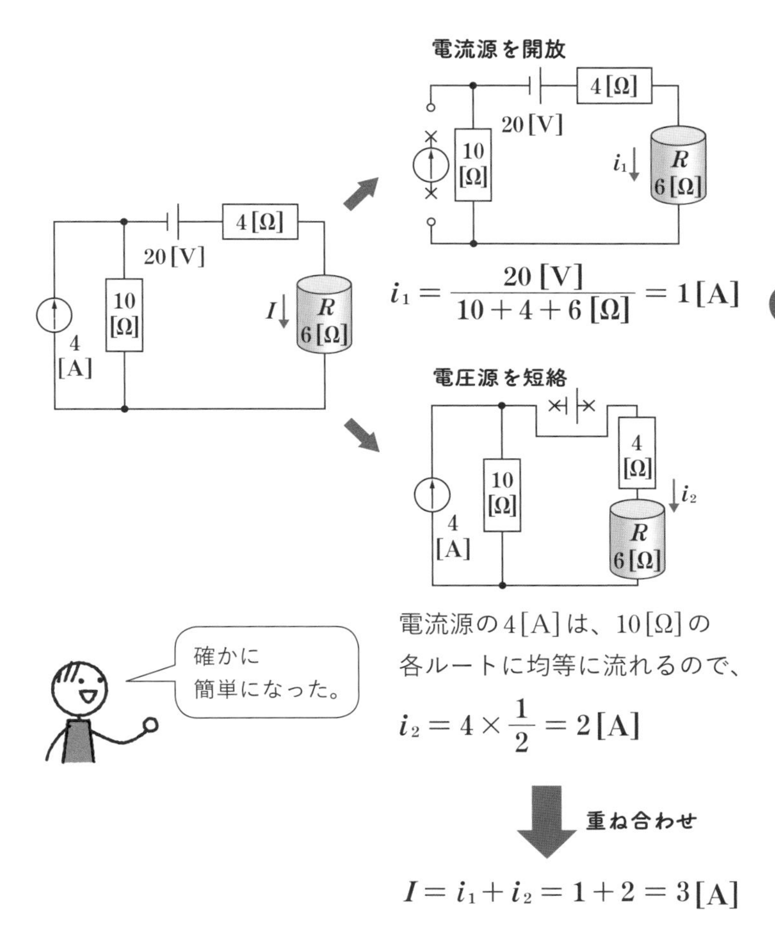

閉路方程式や節点方程式は、大規模で複雑な回路でも確実に解析できる手法ですが、高次の連立方程式を解く必要があります。一方、比較的小規模な回路であれば、テブナンの定理やノートンの定理、重ね合わせの理をうまく利用することにより、連立方程式を解かずに簡単に解析できる場合があります。

Chapter

3 交流回路の考え方

一定の周期で電圧や電流が変動する交流では、直流にはない現象が生じるため、Chapter2 で学んだ手法を使う際に少し工夫が必要です。Chapter3 では、交流を扱うための工夫について学んでいきます。ベクトルや虚数などの数学も出てきますので、難しいと感じたら先にChapter5 以降に進んでいただいてかまいません。

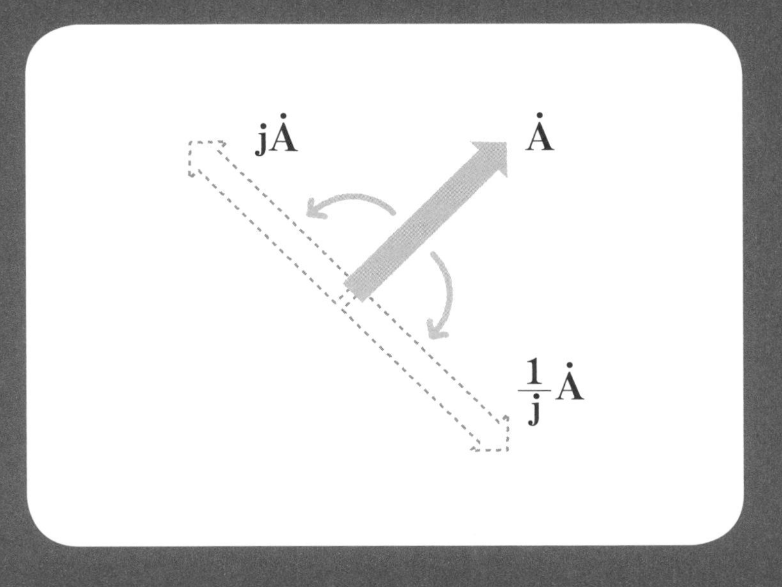

正弦波　角速度　周波数

14 商用電源ってこんな波形—正弦波交流

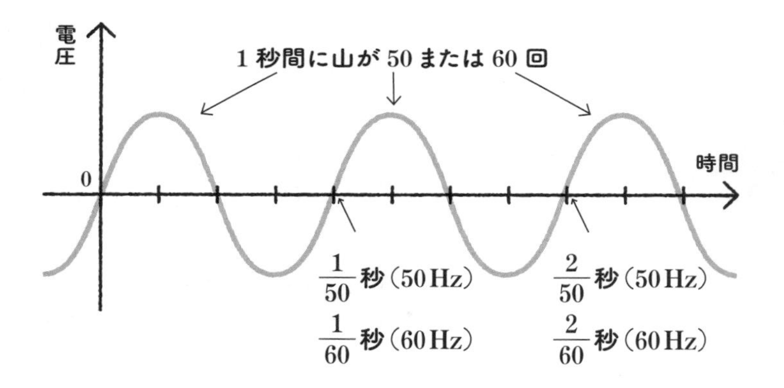

家庭のコンセントまで来ている商用電源の交流波形は**正弦波**で、交流発電機がつくり出しています。

交流発電機は、強さ一定の磁束をコイルが横切る際の誘導起電力（⑦参照）を利用して発電しています。コイルは一定の角速度で回転し、この1秒あたりの回転数が周波数（単位はヘルツ [Hz]）になります。

一定の磁束の中でコイルが回転すると、コイルの回転運動のうち、磁束を垂直に横切る成分に応じた起電力が発生します。この直交成分の大きさは、コイルと磁束との間の角度θの三角関数$\sin\theta$に比例するため、起電力は正弦波となります。

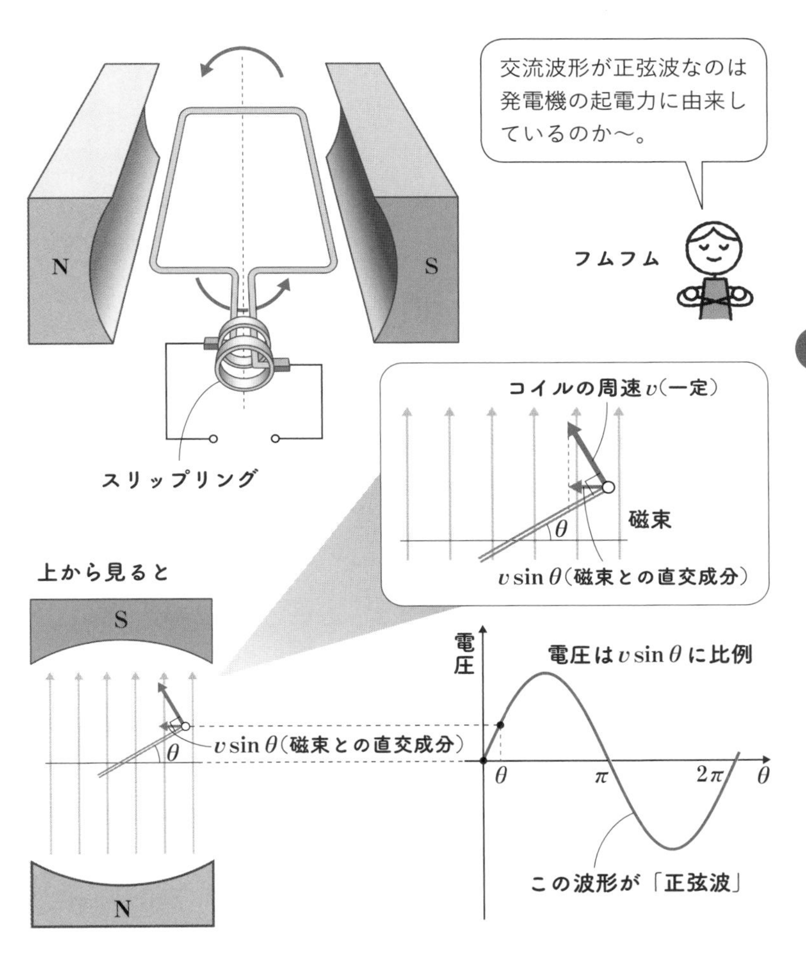

商用電源は、東日本で50[Hz]、西日本で60[Hz]なので、1秒間に50または60回、電圧の正と負が入れ替わっています。つまりコイルの回転数は毎秒50または60回です。1回転の角度は 2π [rad] なので、1秒間に回転する**角速度** ω(オメガ) $= 2\pi f$ [rad/s](ここでfは**周波数[Hz]**)、つまり東日本では $\omega = 2\times 50\pi = 314$[rad/s]、西日本では $\omega = 2\times 60\pi = 377$[rad/s] になります。角速度と周波数の関係 $\boldsymbol{\omega = 2\pi f}$ は重要です。

コラム 2

三角関数

円運動する点の位置のうち、横軸成分の位置が$\cos\theta$(コサイン・シータ)、縦軸成分の位置が$\sin\theta$(サイン・シータ)です。

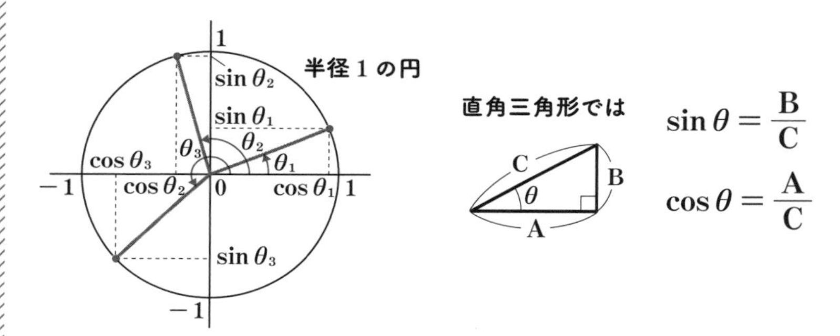

1秒間に回転する角度を「角速度」というので、角度θ[rad]は角速度ω[rad/s]×時間t[s]になります。

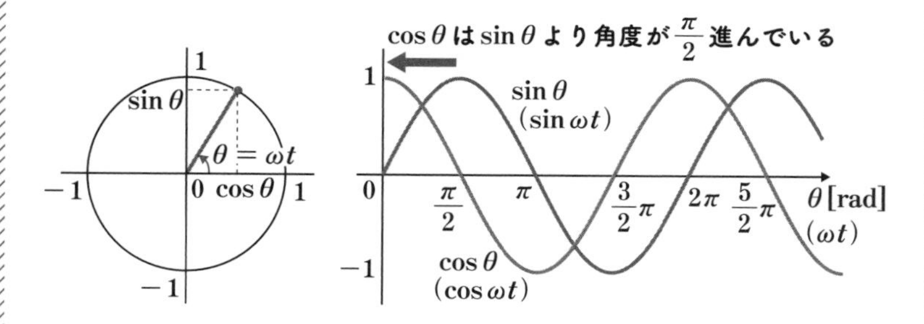

$\cos\omega t$は、$\sin\omega t$より角度が$\frac{\pi}{2}$[rad]進んでいます。電気の世界では、この角度を「位相」と呼びます。

$$\cos\omega t=\sin\left(\omega t+\frac{\pi}{2}\right)、\sin\omega t=\cos\left(\omega t-\frac{\pi}{2}\right)$$

位相を$\frac{\pi}{2}$進ませる　　位相を$\frac{\pi}{2}$遅らせる

15 交流波形の表し方 ―瞬時値と実効値

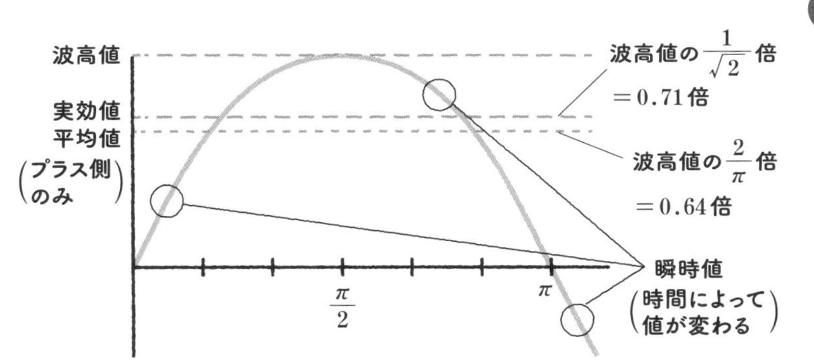

プラスとマイナスが常に入れ替わる交流回路においても、瞬間ごとにオームの法則（④参照）やキルヒホッフの法則（⑩参照）が成り立ちます。波高値（最大値）V_0の正弦波交流のある時間tにおける電圧vは、

$$v = V_0 \sin \omega t$$

この電圧に抵抗Rを接続した場合、オームの法則が成り立つので、電流iは、

$$i = \frac{v}{R} = \frac{V_0}{R} \sin \omega t$$

となります。

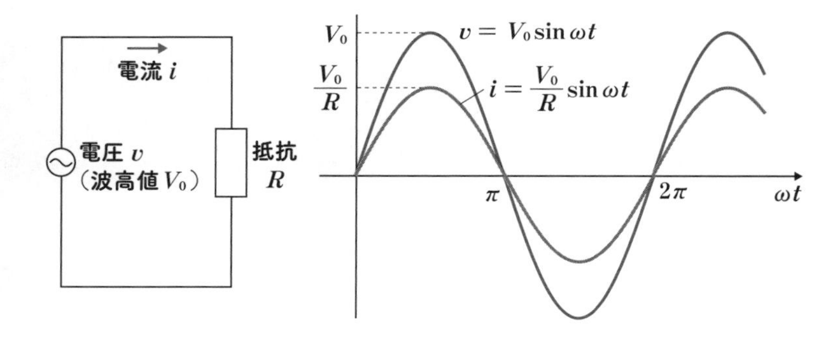

抵抗で消費される電力pについても直流と同様に求めることができます。

$$p = vi = (V_0 \sin \omega t)\left(\frac{V_0}{R} \sin \omega t\right) = \frac{V_0}{R} \sin^2 \omega t$$

$$= \frac{{V_0}^2}{2R}(1 - \cos \underset{\text{周波数2倍}}{2\omega t})$$

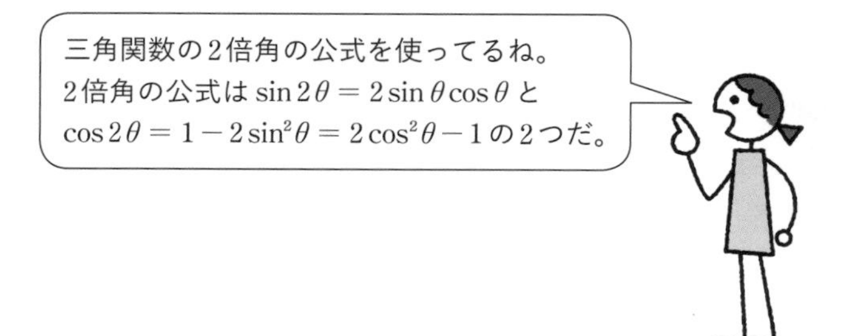

正と負の値が入れ替わる電圧vと電流iに対し、電力pは周波数が2倍で常に正の値となることがわかります。

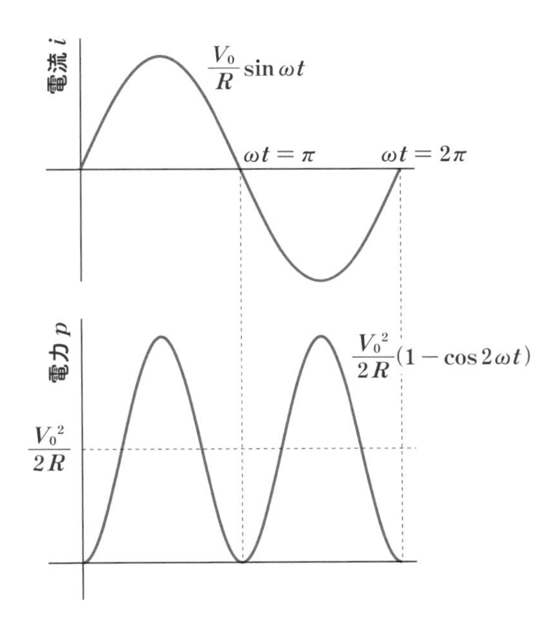

このように交流波形について、時々刻々の変化する値を**瞬時値**といいます。しかし、1秒間に50/60回も振動する波形のある時間における瞬時値を知るニーズは、実際にはほとんどありません。常に電圧が変化している商用電源を簡潔に100[V]と表現する**実効値**が広く用いられています。

交流の実効値

同じ負荷に対して**直流と同量の電力**を供給できる交流電圧について、直流と同じ値となる表記を**実効値**といいます。

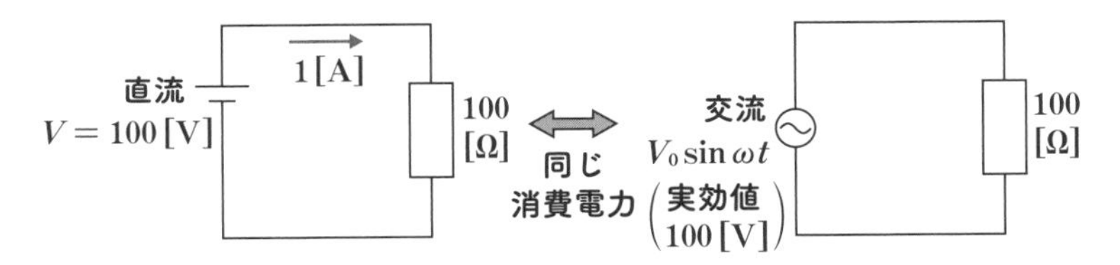

直流電圧 $V = 100$ [V] で 100 [Ω] の抵抗が消費する電力 P は、

$$P = VI = 100\frac{100}{100} = 100\,[\mathrm{W}]$$

同じ抵抗値で、波高値 V_0 の交流が供給する平均電力 P_A が直流電力 P と等しくなるので、

$$P_A = \frac{V_0^2}{2R} = \frac{V_0^2}{2 \times 100} = 100 \text{ なので } V_0 = 100\sqrt{2}$$

このときの交流の実効値電圧 V を直流と同じ 100 [V] と表すので、交流の実効値は波高値の $\frac{1}{\sqrt{2}}$ 倍となります。電流についても電圧と同様に波高値の $\frac{1}{\sqrt{2}}$ 倍が実効値となります。

この本では、交流について特に指定しない場合は実効値で示します。

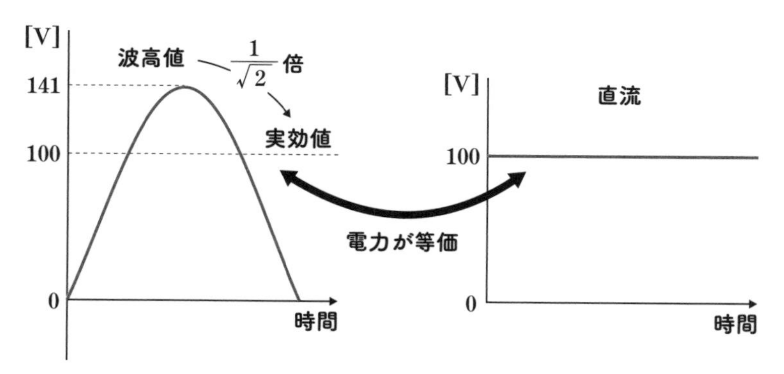

実効値は、英語でeffective value、あるいはroot mean square value（2乗平均値）といい、RMS値と表記されることもあります。

ちなみに、波形の平均値は波高値の $\frac{2}{\pi} = 0.64$ 倍で、波高値の $\frac{1}{\sqrt{2}} = 0.71$ 倍となる実効値とは値が異なります。

電流の変化を拒むコイル、電荷を蓄えるコンデンサー

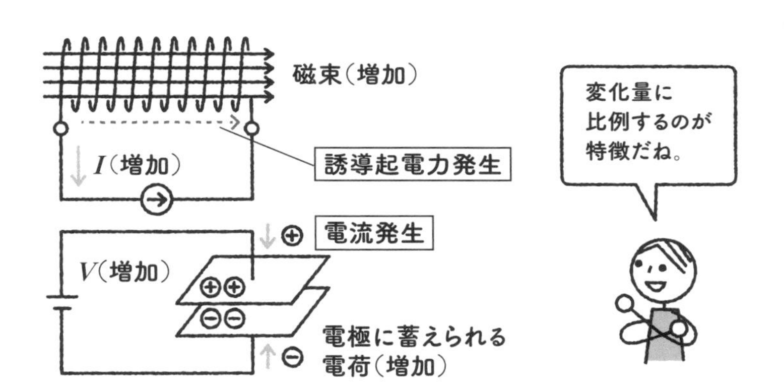

導体を同心円状に巻いた「コイル」と、絶縁された電極同士が向き合った「コンデンサー」は、電圧と電流が常に変化する交流では特異な性質を示します。

コイルの性質

コイルに電流を流すと、アンペールの法則により電流に比例する磁界が発生し、磁気の流れに相当する磁束が発生します。

コイルに流れる電流が変化すると、電流に比例して磁束も変化しますが、ファラデーの法則によって磁束の**変化量に比例する誘導起電力**が発生します。この誘導起電力は、変化する磁束を一定に保とうとする電流を流すように、つまりもとの電流の変化を打ち消す電流を流そうとする向きに発生します（⑦参照）。

ここで、正弦波（サインカーブ）の時間ごとの変化量は、余弦波（コサインカーブ）、つまり角度が$\frac{\pi}{2}$[rad]進んだ正弦波になります。また、変化量は角速度にも比例します。

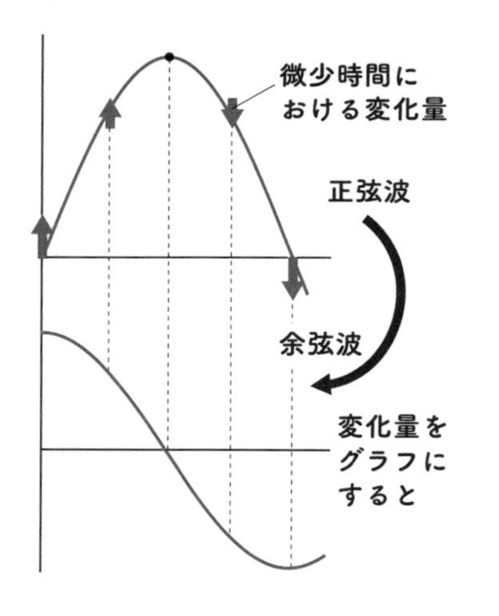

正弦波の微少時間あたりの変化量は余弦波になる

余弦波は正弦波の位相が$\frac{\pi}{2}$進んだもの

正弦波の微少時間あたりの変化量は位相が$\frac{\pi}{2}$進んだ正弦波

コイルに流れる正弦波電流に対し、誘導起電力は電流の振幅と角速度に比例し、位相が$\frac{\pi}{2}$進んだ正弦波となります。また、キルヒホッフの第2法則（⑩参照）から、電源電圧vと誘導起電力eは等しくなります。

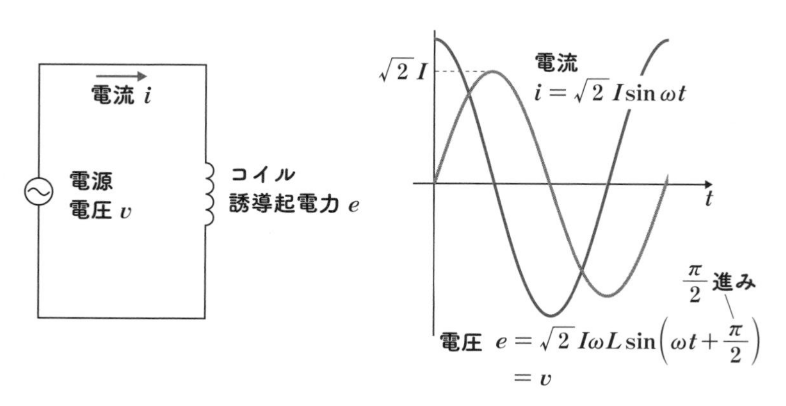

電源電圧vとコイルに流れる正弦波電流iの関係は、

$$i=\sqrt{2}\,I\sin\omega t \text{ なので、} v=\sqrt{2}\,I\omega L\sin\left(\omega t+\frac{\pi}{2}\right)$$

となります。

Lは電流の変化と誘導起電力を結びつける比例定数で、**インダクタンス**と呼ばれています。これはコイルごとに巻き数や形状などにより決まる固有の値で、単位は**ヘンリー[H]**、実用上は10^{-3}倍したミリヘンリー[mH]が多く用いられます。コイルの巻き数を増やしたり、磁束が流れやすい鉄心を入れると、Lは大きくなります(⑦参照)。

コンデンサーの性質

コンデンサーに電圧を印加すると、電圧に比例する電荷が電極に蓄えられます。蓄えられる電荷は電圧に比例するため、電圧が変化すると電荷が外部から流入あるいは流出し、あたかも電流がコンデンサを貫通して流れるように見えます。その**電流は電圧の変化量に比例**するため、コンデンサーには正弦波電圧の振幅と角速度に比例し、位相が$\frac{\pi}{2}$進んだ正弦波電流が流れます。

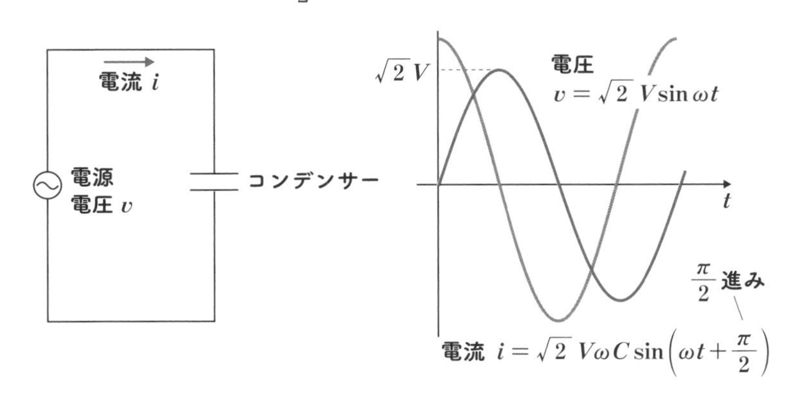

電源電圧とコンデンサーに流れる正弦波電流の関係は、

$$v = \sqrt{2}\,V\sin\omega t \text{ なので、} i = \sqrt{2}\,V\omega C\sin\left(\omega t + \frac{\pi}{2}\right)$$

となります。

ここで比例定数Cは**静電容量**と呼ばれ、単位は**ファラド[F]**です。これは電極の面積や距離などによって決まるコンデンサーごと固有の値で、実用上は10^{-6}倍したマイクロファラド[μF]が多く用いられます。

コイルとコンデンサーは対照の性質を持っています。

	コイル	コンデンサー
インピーダンス	周波数に比例 (直流に対しインピーダンス0 高周波はほとんど通さない)	周波数に反比例 (直流は通さない 高周波に対しインピーダンスはほぼ0)
電圧に対し	電流は$\frac{\pi}{2}$遅れ	電流は$\frac{\pi}{2}$進み

コイルもコンデンサーも抵抗と同じく電流を流しにくくする性質を持っていて、これらをまとめて**インピーダンス**と呼びます。単位は抵抗と同じオーム[Ω]ですが、コイルの誘導性インピーダンスは電流を遅らせる性質を、コンデンサーの容量性インピーダンスは電流を進ませる性質を持っています。

インピーダンスの逆数は**アドミタンス**と呼ばれ、単位はコンダクタンスと同じジーメンス[S]です(④参照)。

コラム | 3

虚数と複素数の計算方法

普段親しみのある実数は、2乗すると必ず正の値になりますが、虚数は2乗して負の値になる数です。

例：2乗して-4になる数、$\sqrt{-4}=\mathrm{j}2$（jは虚数を表す添え字）

実数と虚数を合わせると複素数になります。複素数の計算方法は、以下のようになります。

複素数の加算と減算は、実部同士、虚部同士で実施

$$(3+\mathrm{j}2)+(1-\mathrm{j}4)=4-\mathrm{j}2$$

実部同士、虚部同士を加算

複素数の乗算は、実部と虚部を総あたりで乗算して加算

$$(3+\mathrm{j}2)(1-\mathrm{j}4)=3\times1+(\mathrm{j}2)(-\mathrm{j}4)+1\times\mathrm{j}2+3(-\mathrm{j}4)$$
$$=11-\mathrm{j}10$$

総あたりで乗算し、すべて加算

虚部の符号を反対にした共役複素数を乗じると実数になる

$$(3-\mathrm{j}4)(3+\mathrm{j}4)=3^2+(-\mathrm{j}4)(\mathrm{j}4)+\mathrm{j}3\times4-\mathrm{j}3\times4=25$$

共役複素数

複素数の除算は、共役複素数を用いて分母を実数化する

$$\frac{-4+\mathrm{j}8}{2-\mathrm{j}2}=\frac{(-4+\mathrm{j}8)(2+\mathrm{j}2)}{(2-\mathrm{j}2)(2+\mathrm{j}2)}=\frac{-24+\mathrm{j}8}{8}=-3+\mathrm{j}$$

分母の共役複素数を分母と分子に乗じる

複素数の大きさは$\sqrt{実部^2+虚部^2}$

$$|3-\mathrm{j}4|=\sqrt{3^2+(-4)^2}=5$$

実数を横軸、虚数を縦軸に置いた複素数平面を用いると、大きさと方向を持つベクトルを効率的に表せます（⑱参照）。

電圧を自由に変換する交流の切り札 ―変圧器

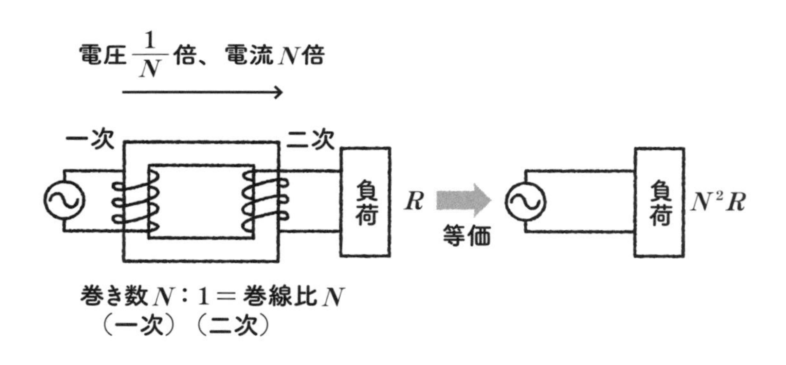

環状鉄心に10回巻きと30回巻きのコイルを巻いた変圧器を考えます。10回巻きコイルに交流電流を流すと、アンペールの法則により、鉄心には電流と巻き数に比例した磁束が流れます。交流で磁束が変化すると、30回巻きコイルにはファラデーの法則により、磁束の変化と巻き数に比例する**誘導起電力**が発生します（⑦参照）。このとき、30回巻きコイルの誘導起電力は、10回巻きコイルの電圧に対し、$\frac{30}{10}=3$倍となります。

次に30回巻きコイルに負荷抵抗を接続すると、発生した誘導起電力によって回路に電流が流れます。このとき、鉄心には電流と巻き数に比例した**磁束**が新たに発生します。すると、発生した

磁束を打ち消す電流が10回巻きコイルに流れます。巻き数が$\frac{1}{3}$倍なので、電流は3倍必要です。

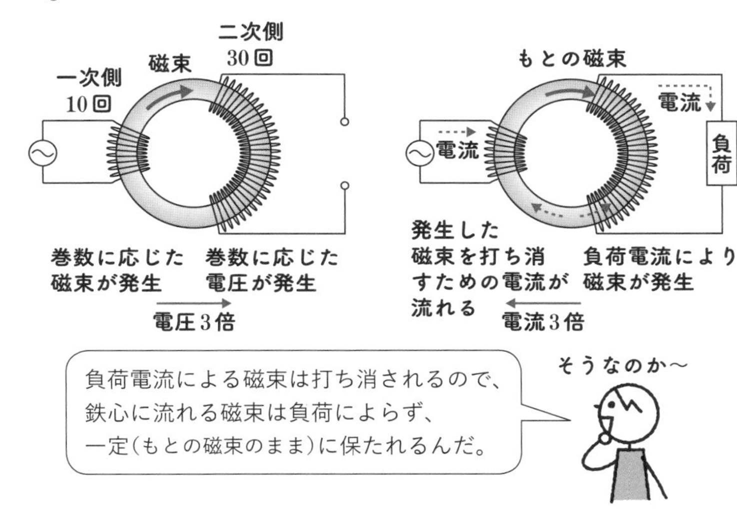

電源が10[V]の場合、二次側の電圧は30[V]となり、10[Ω]の抵抗を接続すると3[A]の電流が流れます。このとき、一次側の電流は二次側の3倍の9[A]です。つまり二次側に接続した10[Ω]の抵抗は、一次側から見ると電圧10[V]で9[A]流れる抵抗、つまり$\frac{10}{9}$[Ω]と等価になります。

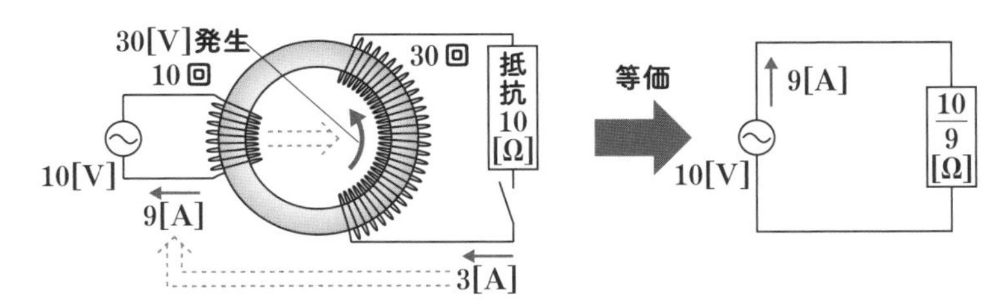

負荷側の巻線数に対する電源側の巻線数を**巻線比**といいます。巻線比がNなら電圧が$\frac{1}{N}$倍、電流がN倍に変換されます。巻線比Nの変圧器の二次側に接続された抵抗R[Ω]は、一次側に換算すると$\boldsymbol{N^2R}$[Ω]になります。

コラム｜4

磁界と磁束密度の関係

起磁力（磁路上の磁界を積み上げたもの）に応じて磁束が流れますが（⑦参照）、磁路が鉄心の場合、磁束を磁路の断面積で割った磁束密度（単位はテスラ［T］）は、磁界［A/m］には完全に比例せず、交流磁界ではヒステリシス特性を持ちます。

このヒステリシス特性の面積分は熱損失になり、変圧器やコイルでは「鉄損」と呼ばれています。鉄損は負荷電流に無関係で、機器を充電状態にすると一定の電力を消費します。一方の「銅損」はコイルの抵抗による熱損失で、負荷電流の2乗に比例します。

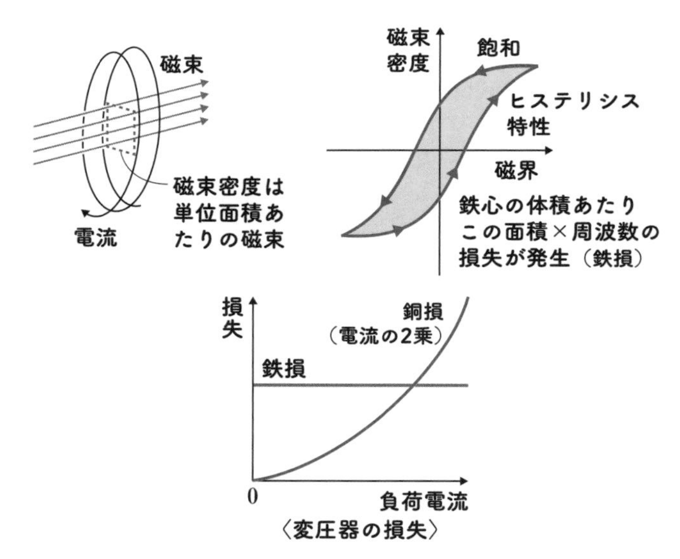

〈変圧器の損失〉

鉄の性質上、鉄心の磁束密度は2［T］付近で飽和し、磁界を強めても磁束密度が上がらなくなります。さらに磁束密度を上げるには、あえて磁気抵抗の大きな空芯コイルとし、極めて多数の巻き数と大電流により磁束を発生させる必要があります。このため、電気抵抗ゼロの超電導コイルも利用されます（③参照）。

ベクトルを扱うには―極座標表示と複素数表示

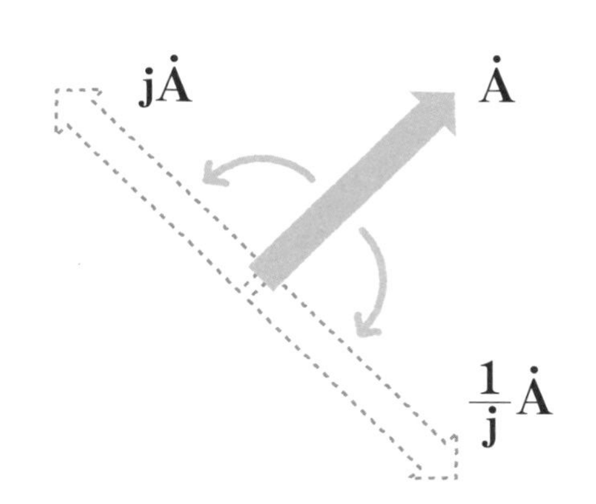

ベクトルとは、大きさと方向を持った矢印です。交流では電圧と電流の間に位相差が生じるため、大きさと方向を同時に扱えるベクトルを用います。方向を持ったベクトルであることを明示するために、上にドット（・）をつけます。ベクトルを表示する方法として、**極座標表示**と**複素数表示**を紹介します。

極座標表示

極座標表示では、ベクトルを大きさと方向で表します。位相情報が重要な交流回路では、直感的に理解しやすい表示方法です。ベクトルの乗算と除算は簡単に扱えますが、加算や減算は苦手です。

$\dot{A} = 3.0\angle\frac{\pi}{6}$、$\dot{B} = 1.5\angle\frac{\pi}{3}$ の場合

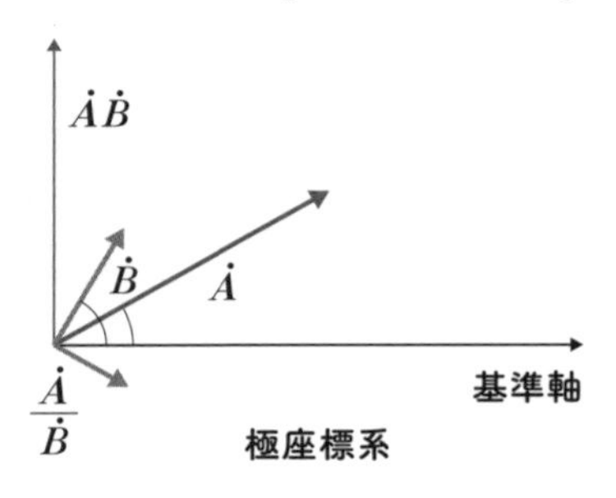

$$\dot{A}\dot{B} = \underbrace{3.0 \times 1.5}_{\text{大きさは掛け算}}\angle\underbrace{\frac{\pi}{6} + \frac{\pi}{3}}_{\text{角度は足し算}}$$

$$= 4.5\angle\frac{\pi}{2}$$

$$\frac{\dot{A}}{\dot{B}} = \underbrace{\frac{3.0}{1.5}}_{\text{大きさは割り算}}\angle\underbrace{\frac{\pi}{6} - \frac{\pi}{3}}_{\text{角度は引き算}}$$

$$= 2.0\angle -\frac{\pi}{6}$$

複素数表示

横軸を実数軸、縦軸を虚数軸として、ベクトルを**実数＋虚数**の**複素数**で表します。虚数を表す添え字はiが一般的ですが、電気の世界では電流iと混同しないようjを用います。加算、減算、乗算、除算すべてを簡単に取り扱えます。

極座標表示のベクトル$\dot{X} = A\angle\theta$は、

$$\dot{X} = A\cos\theta + \mathrm{j}A\sin\theta$$

となります。

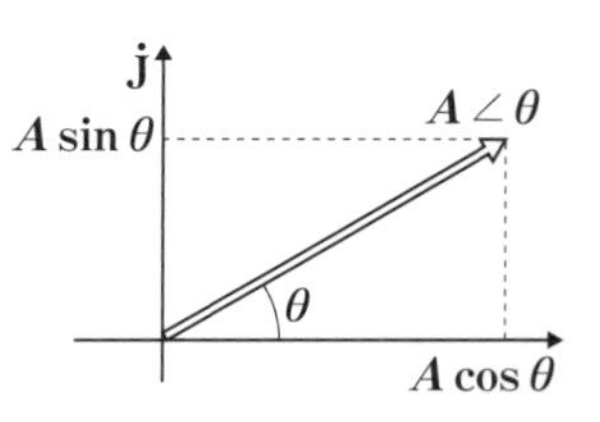

さまざまな位相の電圧$V = 100$[V]を複素数で表してみます。

	極座標表示	複素数表示
①	$\dot{V} = 100\angle 0$	$\dot{V} = 100 + \mathrm{j}0$
②	$\dot{V} = 100\angle\frac{\pi}{3}$	$\dot{V} = 50 + \mathrm{j}50\sqrt{3}$
③	$\dot{V} = 100\angle\frac{3}{4}\pi$	$\dot{V} = -50\sqrt{2} + \mathrm{j}50\sqrt{2}$
④	$\dot{V} = 100\angle -\frac{\pi}{3}$	$\dot{V} = 50 - \mathrm{j}50\sqrt{3}$

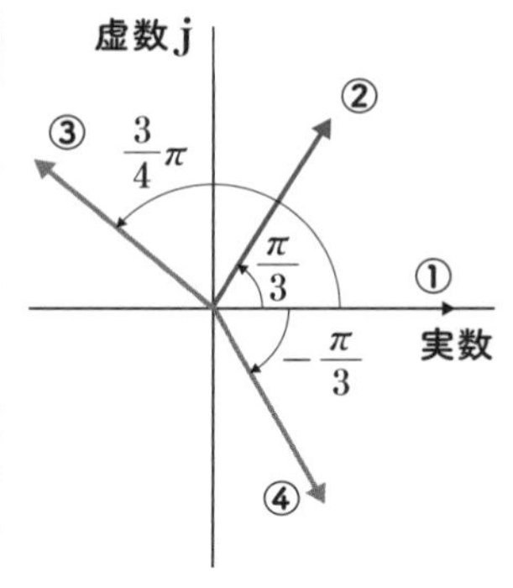

虚数jを乗じるとベクトルが反時計回りに$\frac{\pi}{2}$回転するため、虚数のインピーダンスを用いれば、オームの法則(④参照)によって電圧に対し電流が$\frac{\pi}{2}$遅れたり、$\frac{\pi}{2}$進んだりすることが表現できます(⑯参照)。

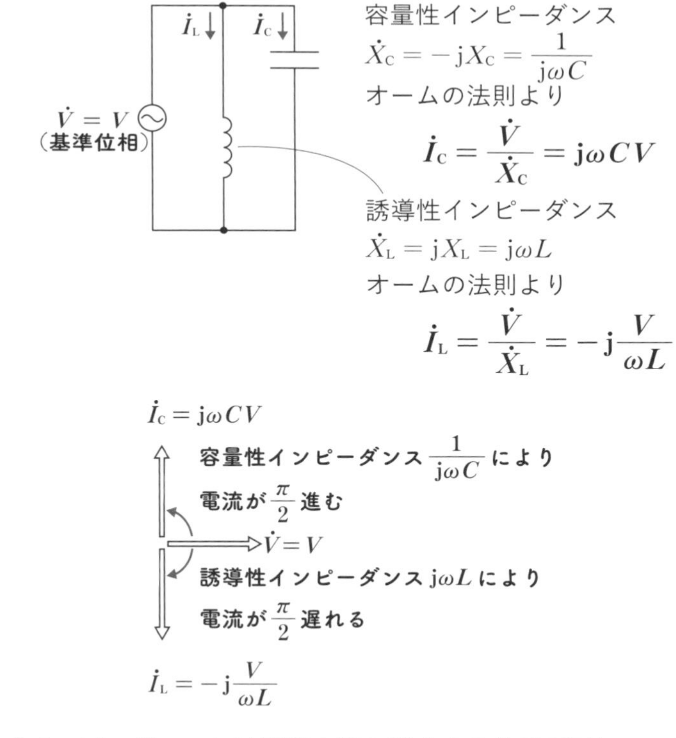

「インピーダンス」は電流を流し難くする性質(抵抗、コイル、コンデンサーなど)の総称ですが、このうち虚数で表される容量性・誘導性の成分は**リアクタンス**と呼ばれています。

オームの法則の適用例

複素数で表した電圧、電流、インピーダンスについて**オームの法則**(④参照)を適用する例を紹介します。

電圧 $V = 24$[V]、電流 $I = 4$[A]（電圧に対して $\frac{\pi}{6}$ 遅れ）の場合、インピーダンス Z[Ω] は、電圧 $\dot{V}$ を基準位相に置くと、

$$\dot{V} = 24 \text{（虚数部は0）}$$

$$\dot{I} = \underbrace{4\left(\cos\left(-\frac{\pi}{6}\right) + \mathrm{j}\sin\left(-\frac{\pi}{6}\right)\right)}_{\text{大きさ4で}\frac{\pi}{6}\text{遅れ}}$$

$$= 4\left(\frac{\sqrt{3}}{2} - \mathrm{j}\frac{1}{2}\right) = 2\sqrt{3} - \mathrm{j}2$$

$4\cos\left(-\frac{\pi}{6}\right) = 2\sqrt{3}$

$\mathrm{j}4\sin\left(-\frac{\pi}{6}\right) = -\mathrm{j}2$

$\frac{\pi}{6}$　$\dot{V}$　$\dot{I}$

$$\dot{Z} = \frac{\dot{V}}{\dot{I}} = \frac{24}{2\sqrt{3} - \mathrm{j}2} = \frac{24(2\sqrt{3} + \mathrm{j}2)}{(2\sqrt{3} - \mathrm{j}2)(2\sqrt{3} + \mathrm{j}2)} = \frac{24(2\sqrt{3} + \mathrm{j}2)}{(2\sqrt{3})^2 + 2^2}$$

（$\frac{\dot{V}}{\dot{I}}$：オームの法則）

$$= 3\sqrt{3} + \mathrm{j}3 [\Omega]$$

（虚数成分が正なのでコイル）

$3\sqrt{3}$ [Ω]　j3 [Ω]

参考　次の回路の電流は？

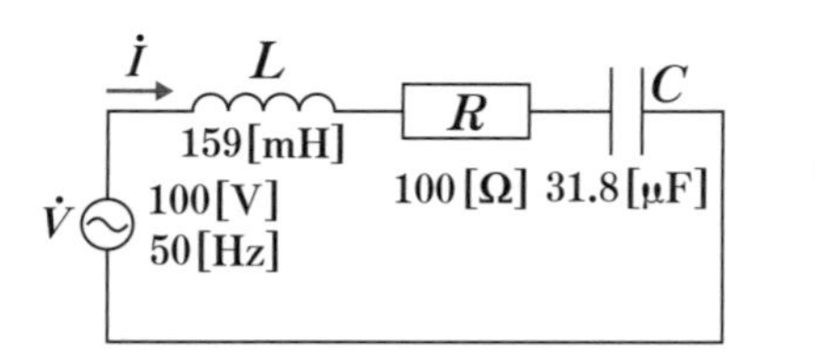

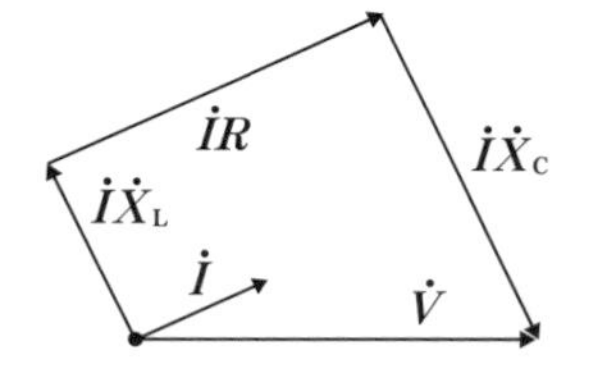

$\dot{V}$ を基準位相に置くと、$\dot{V} = 100 + \mathrm{j}0$[V]

$$\dot{I} = \frac{\dot{V}}{\dot{Z}} = \frac{100}{100 + \mathrm{j}X_{\mathrm{L}} - \mathrm{j}X_{\mathrm{C}}}$$

ここで、

$$X_{\mathrm{L}} = \omega L = 2\pi f L = 2\pi 50 \times 159 \times 10^{-3} = 50 [\Omega]$$

$$X_{\mathrm{C}} = \frac{1}{\omega C} = \frac{1}{2\pi f C} = \frac{1}{2\pi 50 \times 31.8 \times 10^{-6}} = 100 [\Omega]$$

よって、

$$\dot{I} = \frac{100}{100 + \mathrm{j}50 - \mathrm{j}100} = \frac{100(100 + \mathrm{j}50)}{(100 - \mathrm{j}50)(100 + \mathrm{j}50)}$$

$$= 0.8 + \mathrm{j}0.4 [\mathrm{A}] \quad \text{大きさ} \sqrt{0.8^2 + 0.4^2} = 0.89 [\mathrm{A}]$$

19 ここが理解できれば交流はわかる —交流電力の考え方

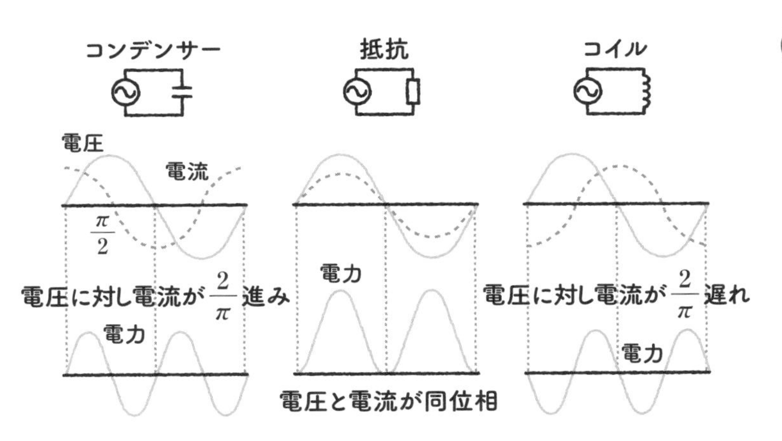

交流回路も直流と同様に、**電力＝電圧×電流**となります。この式は、電圧や電流を正弦波で表した瞬時値表示において、瞬間ごとに常に成り立っています。

抵抗を接続した電圧と電流が同位相の場合の瞬時値波形は、**電力の平均値が0以上**で電力を消費しているのに対し、コンデンサーを接続した位相差$\frac{\pi}{2}$や、コイルを接続した位相差$-\frac{\pi}{2}$の場合には、**電力の平均値が0**となります。

つまり、コンデンサーやコイルは電力を消費せず、磁束や電荷のエネルギーを蓄えたり放出したりして、いわゆる電力の吸収と放出を繰り返しています。

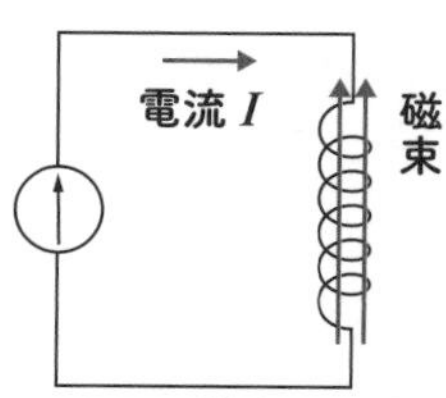

コイルに蓄えるエネルギー

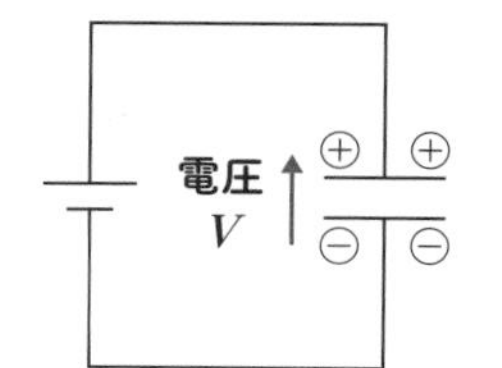

コンデンサーに蓄えるエネルギー

ベクトルで表した場合の電力

電圧と電流の位相差がθの場合、電流$\dot{I}$は電圧と同位相の成分$I\cos\theta$と、位相差$\frac{\pi}{2}$の成分$I\sin\theta$に分解できます。ここで電圧と電流の積$VI\cos\theta$は、平均値が0にならず、エネルギーとして消費される電力で**有効電力**といいます。また、$VI\sin\theta$は、吸収と放出が繰り返され平均値が0となる電力で、**無効電力**(単位はボルトアンペア[V·A])といいます。また、有効電力と無効電力を合成した値が**皮相電力**(単位はボルトアンペア[V·A])です。

なお、無効電力の単位には慣用的にバール[Var]が用いられることもあります。

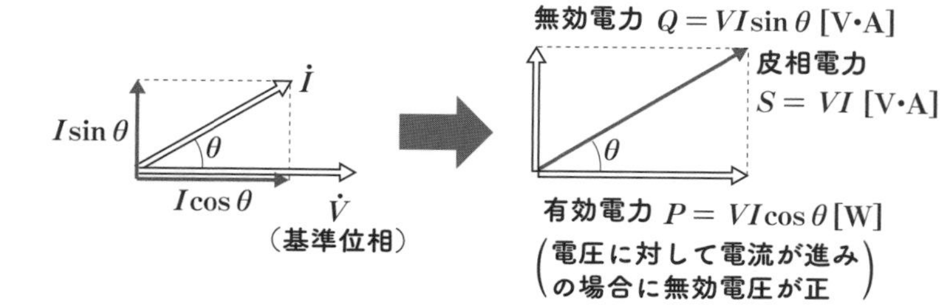

ただし、電圧と電流のどちらも基準位相にない状態では、複素数で表した電圧$\dot{V}$と電流$\dot{I}$を乗じても、求めたい値にはなりません。ベクトルで電力を求める際には、位相について、基準位相からの角度が足される「掛け算」ではなく、差分を求める「割り算」とする必要があります。

そこで、電圧か電流のどちらかを**共役複素数**にします。共役複素数とは、虚部の符号を反転させたものです。**電流を共役複素数**にすると、電圧に対して**電流が遅れ**ている場合に**無効電力が正**の値に、電圧を共役複素数にすると、電流が進んでいる場合に無効電力が正の値になります。

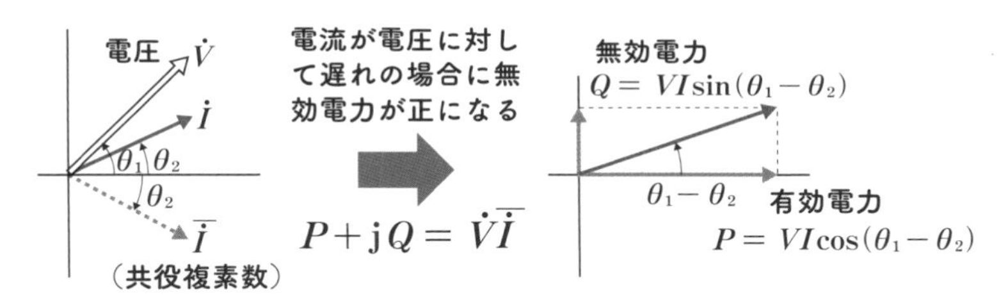

皮相電力と力率

有効電力／皮相電力の値を**力率**（りきりつ）といいます。力率は、供給した電力がどれだけ有効に働いたかを示す指標です。

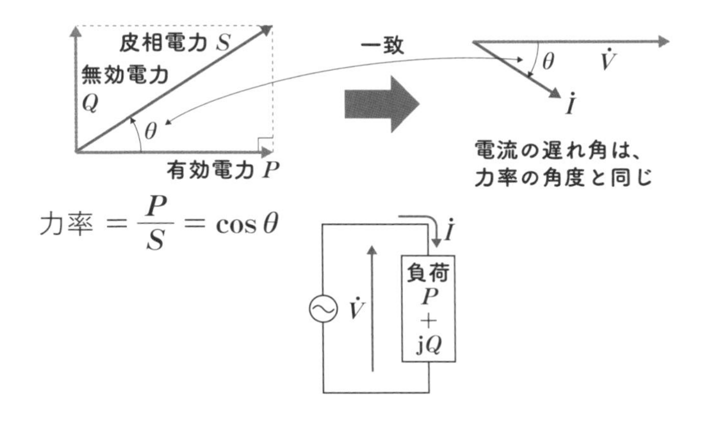

参考

100[V]の電源に、有効電力800[W]、力率0.8(遅れ)の負荷を接続した場合の負荷電流と負荷インピーダンスを求めます。

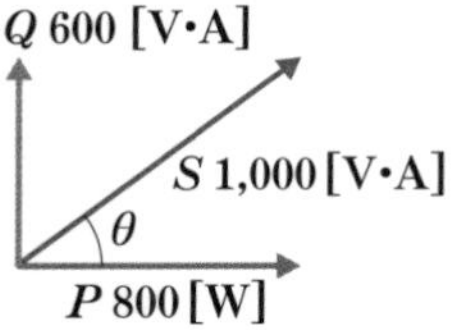

力率 $\frac{P}{S} = 0.8 = \cos\theta$

$P = 800$[W]なので、皮相電力 $S = \frac{800}{0.8} = 1{,}000$[V·A]

無効電力 $Q = \sqrt{1{,}000^2 - 800^2} = 600$[V·A]

負荷電流 $\dot{I} = i_1 + \mathrm{j}i_2$ と置くと、

$$\dot{V}\overline{\dot{I}} = 100i_1 - \mathrm{j}100i_2 = \underset{P}{800} + \mathrm{j}\underset{Q}{600}$$

$i_1 = 8$、$i_2 = -6$

$\dot{I} = 8 - \mathrm{j}6$[A]　大きさ $\sqrt{8^2 + 6^2} = 10$[A]

$$\dot{Z} = R + \mathrm{j}X = \frac{\dot{V}}{\dot{I}} = \frac{100}{8 - \mathrm{j}6} = \frac{100(8 + \mathrm{j}6)}{8^2 + 6^2} = 8 + \mathrm{j}6[\Omega]$$

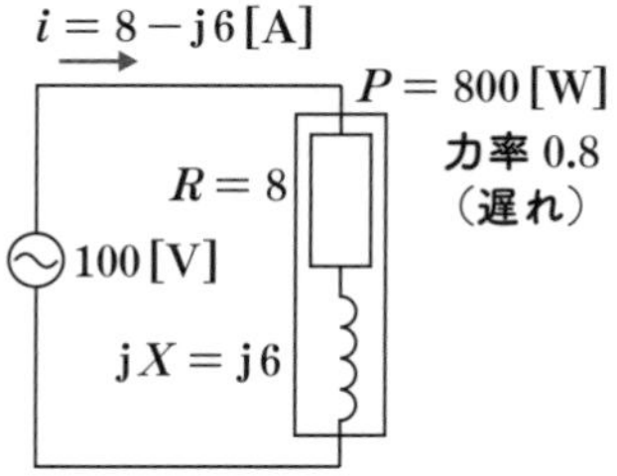

コラム | 5

過渡現象

Chapter 2 の直流回路では電圧や電流が一定の状態を、Chapter 3 と 4 の交流回路では電圧や電流が一定の周期と振幅で変動する状態を扱いました。しかし実際には、電源スイッチを入り切りした直後に、一定の状態に落ち着く過程での「過渡現象」が発生します。

コイル（⑯参照）は、一定の直流に対してインピーダンスがゼロですが、電流の変化に対し、変化を妨げようとする電圧が発生します。一方、コンデンサー（⑯参照）は、一定の直流に対してインピーダンスが無限大で、回路上は断線状態となりますが、電圧を変化させると、蓄える電荷の変化により電流が流れるように見えます。

これらの過渡現象の解明には「微分方程式」を解く必要がありますが、結果は以下のようになります。

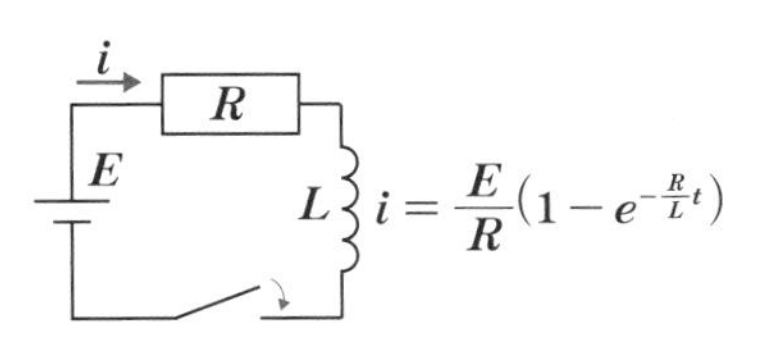

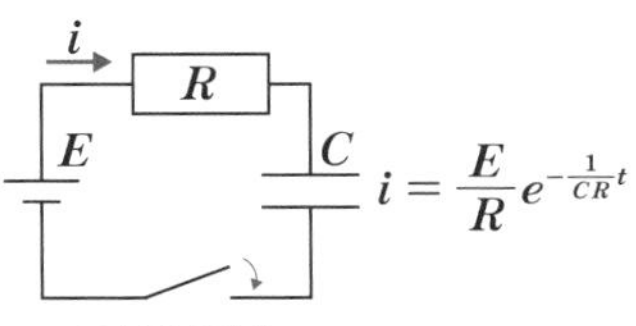

e は自然対数 2.71828……、t は時間[秒]

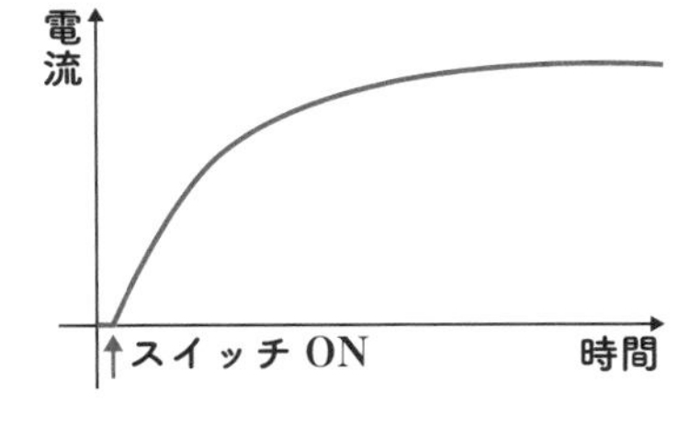

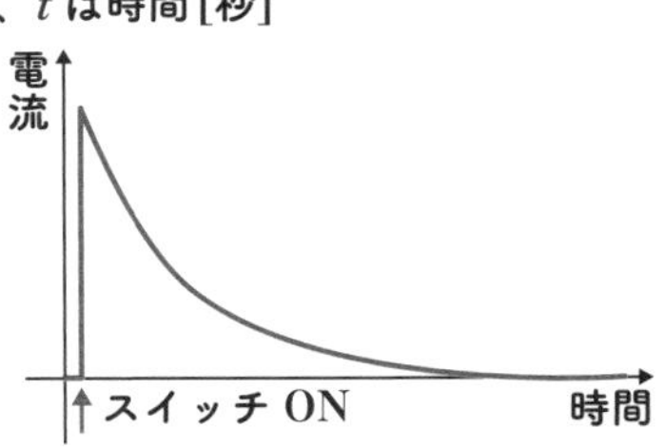

Chapter

交流の主役—三相交流回路

家庭に届く商用電源は、家庭に入る直前まで三相交流という姿で運ばれてきます。Chapter4 では、三相交流の扱い方について学んでいきます。

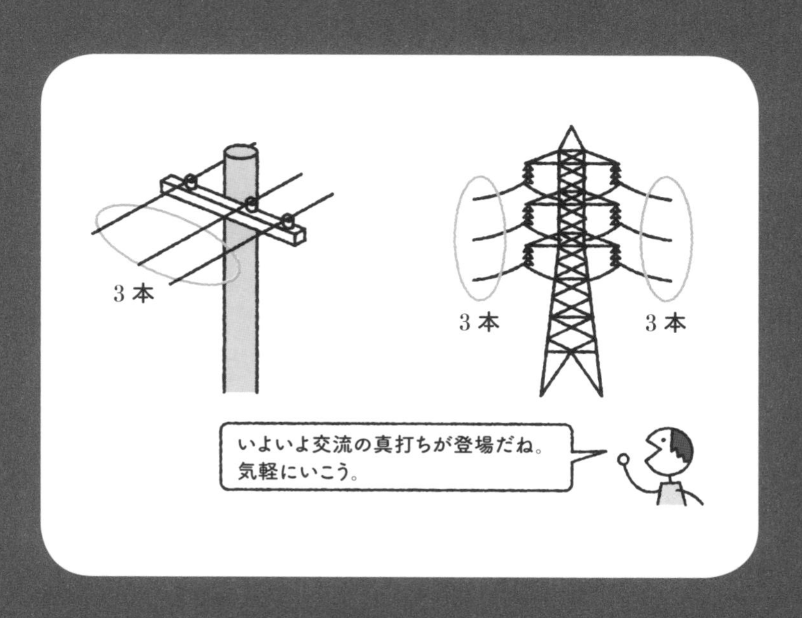

20 交流送電の主役登場 ―三相交流

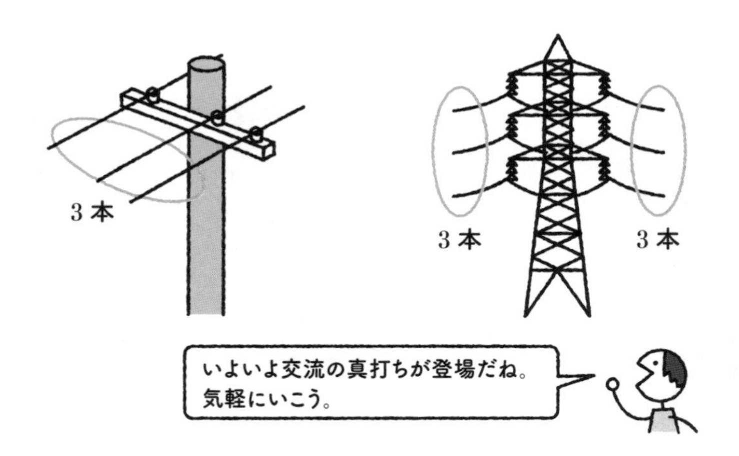

これまで説明してきた交流回路は**単相交流**と呼ばれるものです。家庭用のコンセントも単相交流なので、単相交流が交流の標準形のようですが、実は違います。発電や送電は**三相交流**で行われ、家庭に届く直前に単相交流に変換されています。

三相交流は単相交流回路を3つ重ねたものです。同一の電圧や負荷を持つ単相回路の場合、3つの電源の位相差を$\frac{2}{3}\pi$にすれば、三相分を合成した電圧や電流がゼロになり、片側の線路が中性線となって電気が流れなくなります。つまり、その線路は不要で省略可能となります。

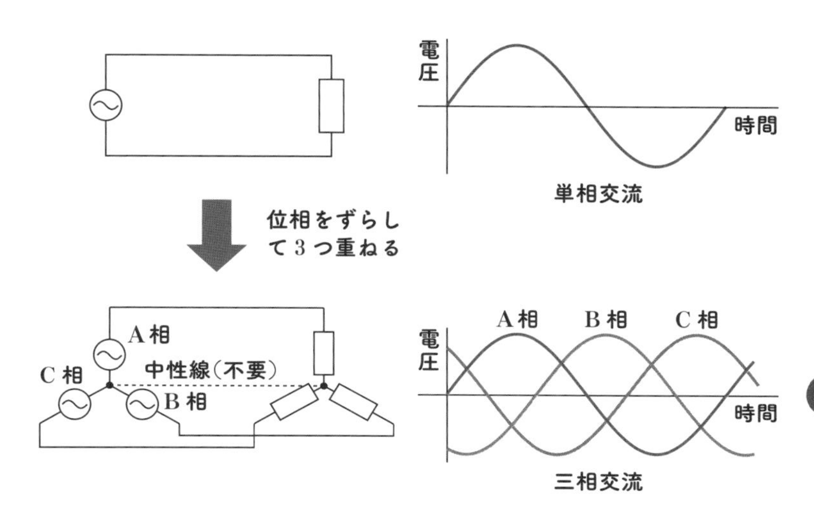

電圧については、**線間電圧**と**相電圧**の2つの表記方法があります。線間電圧は大きさが相電圧の$\sqrt{3}$倍で、位相角も$\frac{\pi}{6}$ずれています。どの表記になっているのか注意する必要がありますが、特に指定がない限り、**線間電圧**で表記されます。

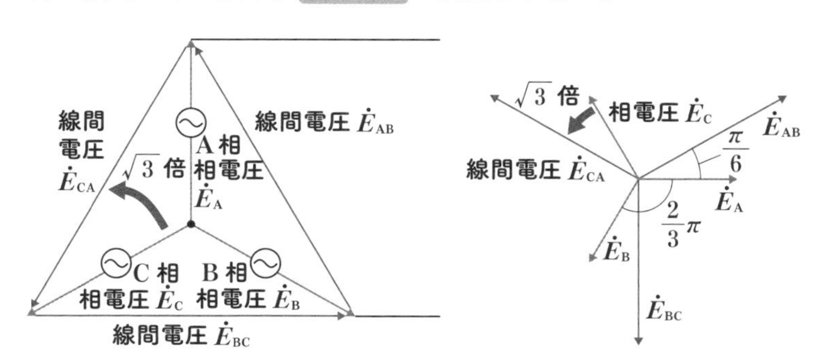

一例を挙げると、多くの電柱には6.6[kV]配電線(㊳参照)が載せられていますが、この電圧も線間電圧です。

三相ならではのバリエーション—スター結線とデルタ結線

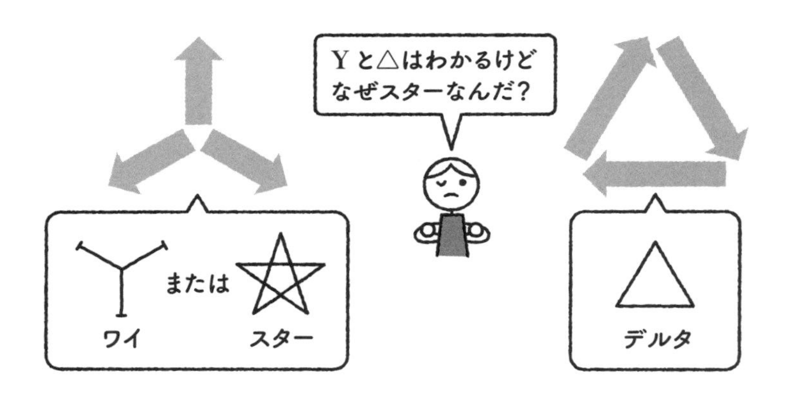

三相交流は位相差が$\frac{2}{3}\pi$の単相交流回路を3つ重ねて中性線を省略したものですが、この形態をスター結線(星形結線、**Y結線**)といいます。もう1つ、デルタ結線(**Δ結線**)という形態もあります。三相の発電機、変圧器、負荷の接続方法として、Y結線、Δ結線、どちらも広く普及しています。

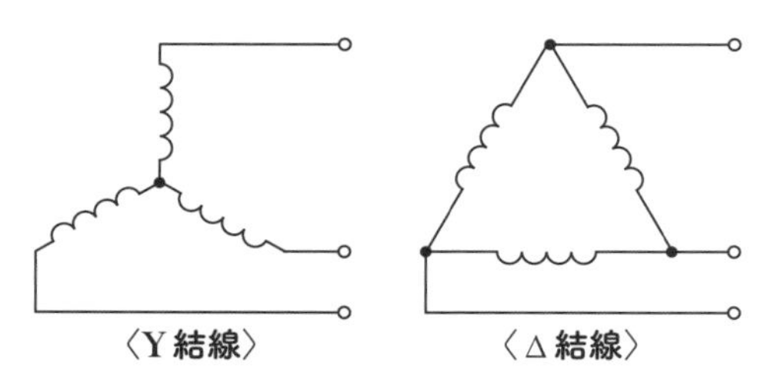

▲ 発電機

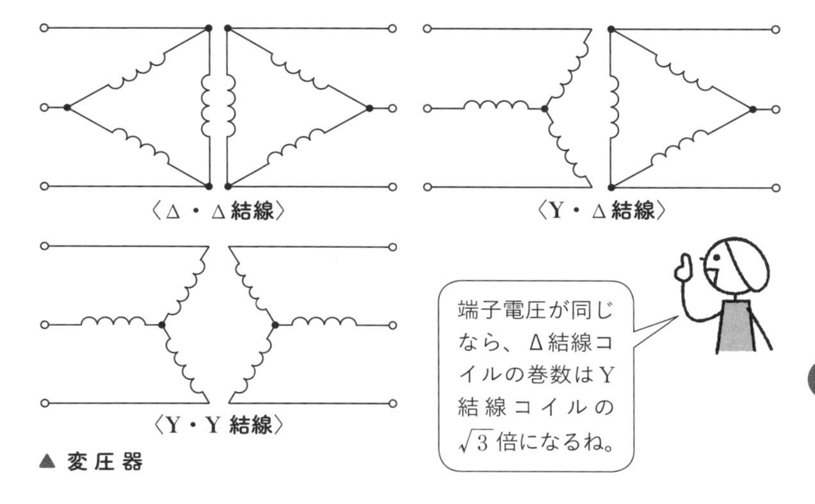

▲ 変圧器

中性点を接地する際にはY結線が採用されます(㊴ 参照)。Δ結線は、中性点を接地する必要がない場合に広く採用されます。

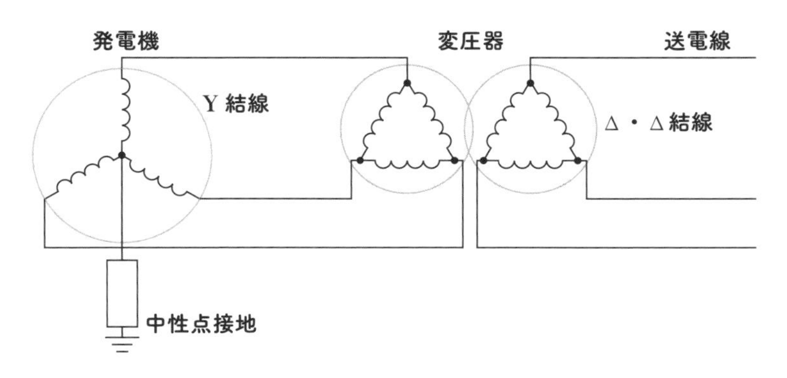

Δ・Δ結線とY・Y結線の変圧器では、変圧器一次側と二次側の間で電圧や電流に位相差は生じませんが、Y・Δ結線の変圧器では $\frac{\pi}{6}$ の位相差が生じます。そのためY・Δ結線とΔ・Δ結線(またはY・Y結線)の変圧器を並列接続して運転することはできません。

キーワードは$\sqrt{3}$ —三相交流の電圧・電流・電力

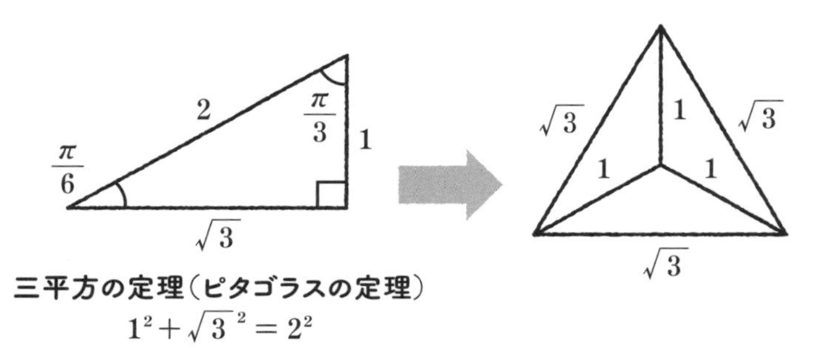

三平方の定理（ピタゴラスの定理）

$$1^2+\sqrt{3}^2=2^2$$

三相交流において、各相の電圧やインピーダンスがすべて等しく三相が平衡している場合には、単相回路を3つ重ねたものとして、**Y結線**（㉑参照）に変換して単相分で計算します。

電圧のΔ→Y変換

与えられる**線間電圧**に対し、計算に用いる**相電圧**は$\frac{1}{\sqrt{3}}$**倍**になります。

インピーダンスのΔ→Y変換

Δ結線の各相負荷をY結線に変換しても各相の負荷は同じ電力を消費します。負荷に印加される電圧が$\frac{1}{\sqrt{3}}$倍になっても同じ電力を消費するので、Y結線負荷に流れる電流は$\sqrt{3}$倍になります。つまり電圧が$\frac{1}{\sqrt{3}}$倍で電流が$\sqrt{3}$倍になるY結線負荷のインピーダンスは、Δ結線負荷の$\frac{1}{3}$倍です。

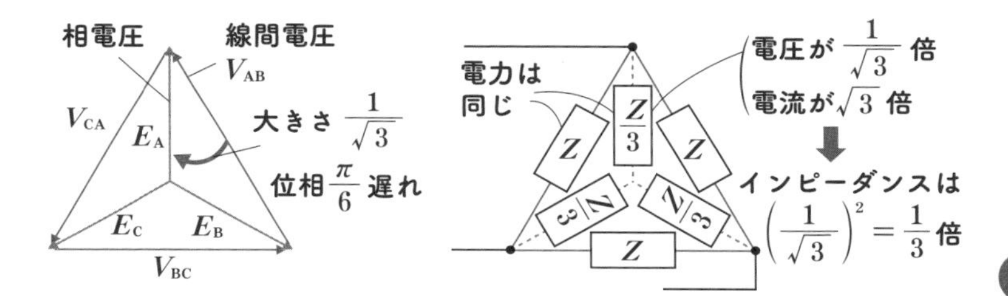

電力の計算

Y結線の一相分電力を3倍したものが三相回路での電力になります。一相分の電力の大きさは、相電圧×線電流なので、

$$\text{電力の大きさ（皮相電力）} = 3EI = 3\frac{V}{\sqrt{3}}I = \sqrt{3}\,VI$$

（3：三相分、E：相電圧（大きさ）、I：線電流（大きさ）、V：線間電圧（大きさ））

となります。

有効電力と無効電力は、複素数表示のベクトルで
$P+\mathrm{j}Q=3\dot{E}\bar{\dot{I}}$ と求まりますが（⑲参照）、$\dot{V}$ は $\dot{E}$ に対し位相が$\frac{\pi}{6}$進んでいるため（⑳参照）、**$P+\mathrm{j}Q=\sqrt{3}\,\dot{V}\bar{\dot{I}}$ と求めるのは厳禁**です。

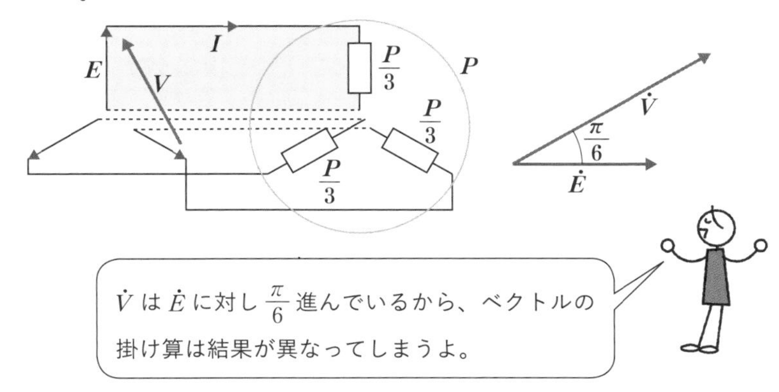

23 選ばれるのには理由がある —三相交流のメリット

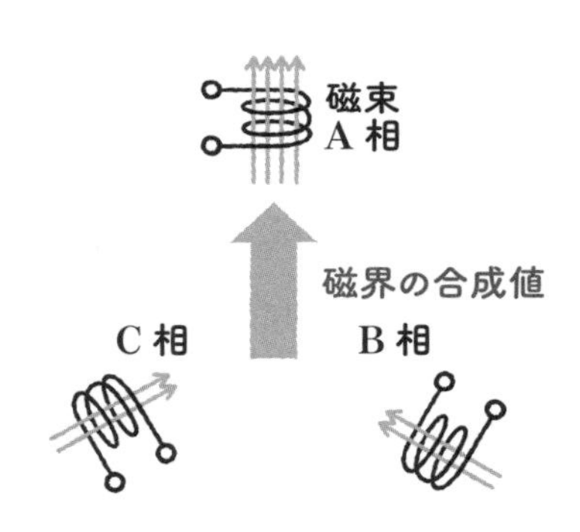

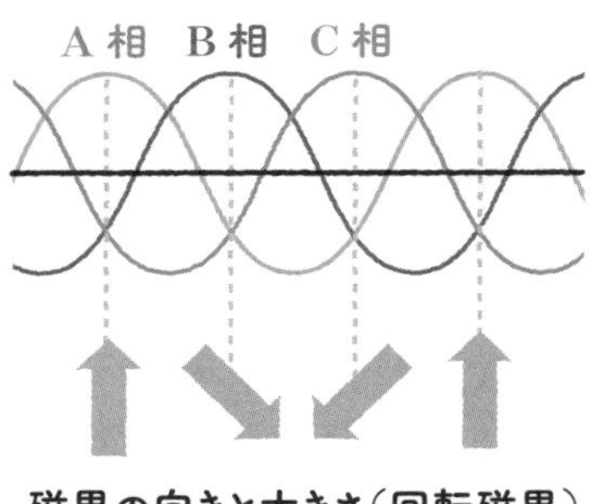

三相交流には、大きなメリットがあります。それは**回転磁界**を得られることと、電線あたりの**送電電力**が大きいことです。

回転磁界

角度を$\frac{2}{3}\pi$ずらして置いた3つのコイルに三相交流の各相を接続すると、3つのコイルがつくる磁界の合成値は、大きさ一定で、電源の周波数で滑らかに回転する**回転磁界**となります。

この回転磁界の中に永久磁石や電磁石の回転子を置いたものが、同期モーターです（㊽参照）。同期モーターは、回転子の磁石と固定子コイルがつくる回転磁界が磁気的に結合し、回転磁界と同じ回転数で回転します。

三相交流の送電電力

線間電圧 V、線電流 I の単相交流が送電する電力 $P_2 = VI$ ですが、同じ線間電圧と線電流で三相交流なら $P_3 = \sqrt{3}\,VI$ となります(㉒参照)。単相交流は電線2本、三相交流は3本なので、1本あたりの電力の比は、

$$\frac{P_2}{2} : \frac{P_3}{3} = \frac{VI}{2} : \frac{\sqrt{3}\,VI}{3} = 1 : \frac{2}{\sqrt{3}} = 1 : 1.15$$

となります。線間電圧 V、線電流 I が同一の場合、三相交流の電線あたりの電力は単相交流の1.15倍です。

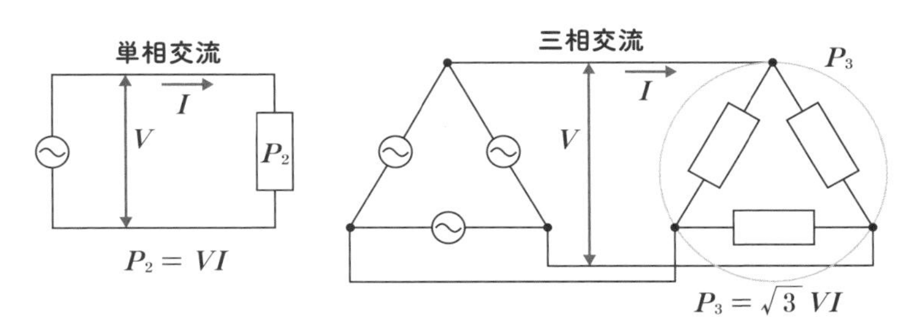

また、単相交流と三相交流の線間電圧 V が同じで、同じ電力 P を送電する場合、単相電力の線電流 I は三相交流の $\sqrt{3}$ 倍になります。線路の損失は電流の2乗×本数に比例するので、

$$(\underbrace{\sqrt{3}\,I}_{\text{単相}})^2 \times \underbrace{2}_{\text{2本}} : \underbrace{I^2}_{\text{三相}} \times \underbrace{3}_{\text{3本}} = 6I^2 : 3I^2 = 1 : 0.5$$

となります。線間電圧 V、送電電力 P が同一の場合、三相交流の送電損失は単相交流の0.5倍です。

コラム | 6

三相不平衡回路の扱い方

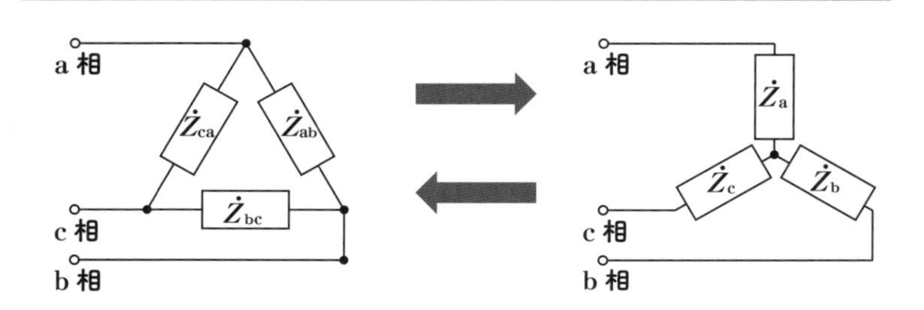

三相が平衡していないΔ結線でもY結線に変換することは可能で(㉒参照)、次の関係式があります。

$$\begin{cases} \dot{Z}_a = \dfrac{\dot{Z}_{ca}\dot{Z}_{ab}}{\dot{Z}_{ab}+\dot{Z}_{bc}+\dot{Z}_{ca}} \\ \dot{Z}_b = \dfrac{\dot{Z}_{ab}\dot{Z}_{bc}}{\dot{Z}_{ab}+\dot{Z}_{bc}+\dot{Z}_{ca}} \\ \dot{Z}_c = \dfrac{\dot{Z}_{bc}\dot{Z}_{ca}}{\dot{Z}_{ab}+\dot{Z}_{bc}+\dot{Z}_{ca}} \end{cases} \rightleftarrows \begin{cases} \dot{Z}_{ab} = \dfrac{\dot{Z}_a\dot{Z}_b+\dot{Z}_b\dot{Z}_c+\dot{Z}_c\dot{Z}_a}{\dot{Z}_c} \\ \dot{Z}_{bc} = \dfrac{\dot{Z}_a\dot{Z}_b+\dot{Z}_b\dot{Z}_c+\dot{Z}_c\dot{Z}_a}{\dot{Z}_a} \\ \dot{Z}_{ca} = \dfrac{\dot{Z}_a\dot{Z}_b+\dot{Z}_b\dot{Z}_c+\dot{Z}_c\dot{Z}_a}{\dot{Z}_b} \end{cases}$$

ただし、この公式を用いてΔ結線をY結線に変換しても、各相のインピーダンスや電圧が異なる不平衡回路では、単相分を取り出して計算する手法が使えません。

重ね合わせの理を用いて計算することができるケースもありますが、一般に三相不平衡回路では、「対称座標法」という手法が用いられます。対称座標法は難解なので、必要になった際には、専門的な解説書を参考にしてください。

Chapter

5 電気の姿を知る ―電気計測

電気を理解し、利用するためには、実際に流れる電気の姿を正確に捉えることが不可欠です。先人たちは電気と磁気の性質を駆使し、工夫を重ねてこれらを実現してきました。Chapter5では、電気の姿を捉えるさまざまな方法について紹介します。

電気の姿を精密に捉える ―電気計測と誤差

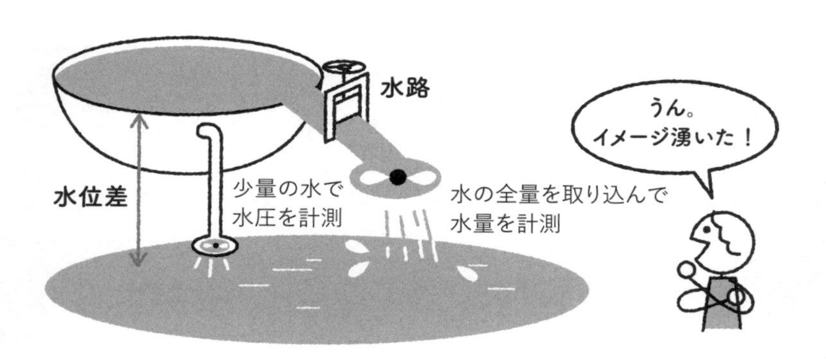

電気を使いこなすためには、電気の姿を正しく捉えること、つまり計測することが不可欠です。

▼ 電気の姿（計測対象）の例

電圧、電流、電力（有効電力、無効電力）、電力量、力率、位相差、周波数、ひずみ率、高調波含有率
抵抗、誘導性・容量性インピーダンス、誘電率、透磁率
磁界、電界

計測対象はこのように多岐にわたり、さらに直流か交流か、微弱信号か大電力か、など選択肢が広がります。代表的な電圧と電流の計測について見ていきましょう。

電圧、電流の計測方法

電圧は水の水位差、電流は水流の量でイメージできますが、このイメージは計測についてもあてはまります。つまり、電圧は電圧計を並列に接続して少量を分流させて計測し、電流は、電流計を直列に接続し、全量を通過させて計測します。

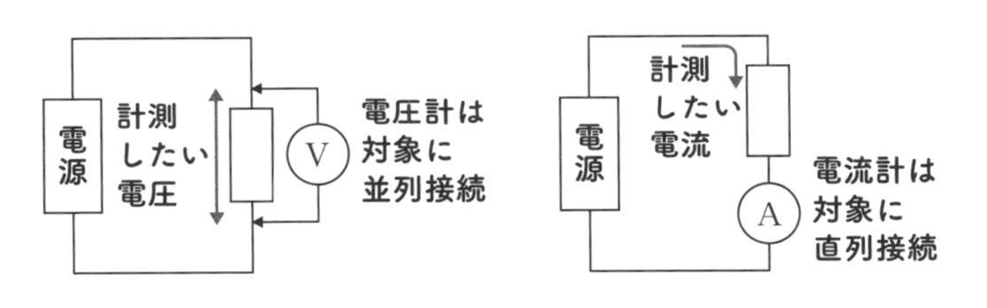

計器自体の誤差

誤差の少ない計器を得るには、誤差がないとわかっている計器と計測結果を比較し、計器を選別したり計測値を調整します。また、取引のための計量は、計量法に基づき検定を受けた「特定計量器」を用いなければなりません。

計器の精度を担保する仕組みとして国家計量標準供給制度があり、国に1つしかない特定標準器とのつながり(トレーサビリティ)を証明できます。標準器が表示する値と対象の計器が表示する値の関係を求めることを**校正**といいます。

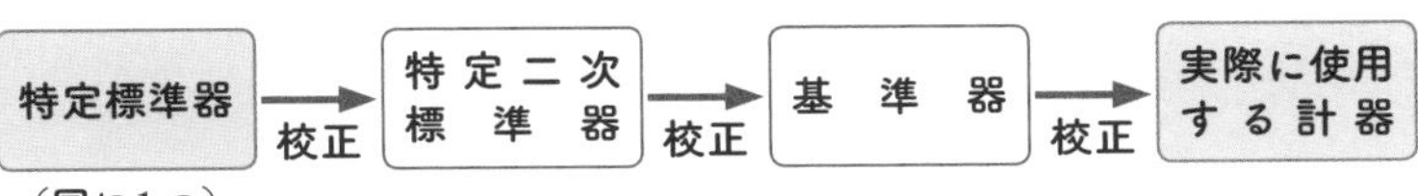

▲トレーサビリティの例

精度階級は、アナログ計器のフルスケールを指示している状態で、**計測誤差**が何%以内かを表しています。

階級	0.2級	0.5級	1.0級	1.5級	2.5級
許容誤差	±0.2%	±0.5%	±1.0%	±1.5%	±2.5%
摘要	特別精密級	精密級	準精密級	普通級	準普通級

計器の価値は精度だけでなく、安価、堅牢、補助電源不要などがある。
機器の正常稼働を監視するような用途なら2.5級で十分だね。

計器誤差以外の計測誤差

測定器を接続すれば、仮に**計器誤差**がゼロでも電圧や電流が変化してしまうため、誤差が発生します。

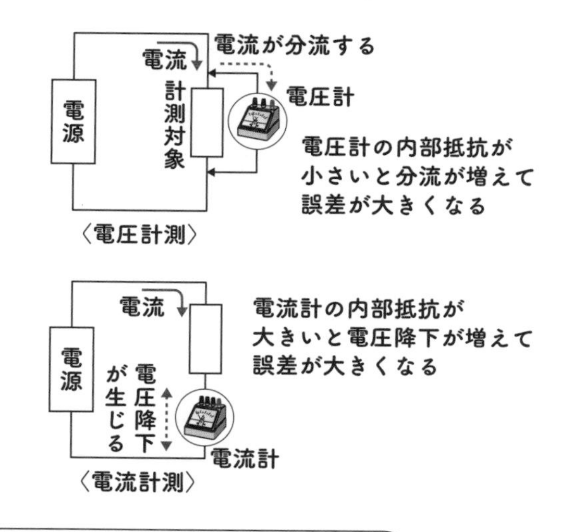

測定器を接続すること自体が電圧や電流を変化させ、誤差を生んでいるんだ。これを「観測者効果」というよ。

大きな値を持つ抵抗の両端の電圧を計測してみましょう。

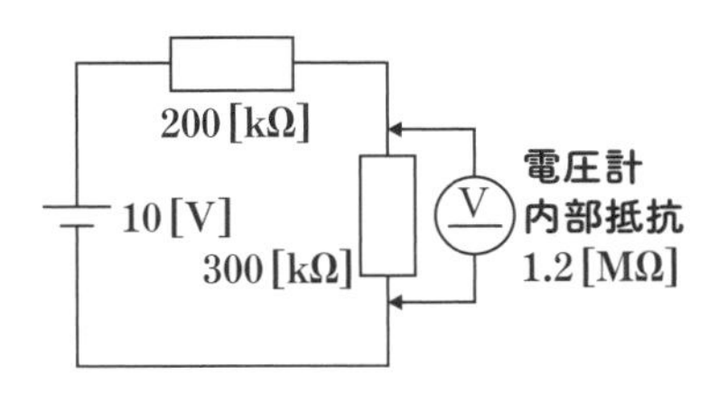

電圧計を接続する前の電圧の真値は、

$$10 \frac{300\,\mathrm{k}}{200\,\mathrm{k}+300\,\mathrm{k}} = 6.0\,[\mathrm{V}]$$

電圧計を接続すると、並列抵抗値は、

$$\frac{300\,\mathrm{k}\times 1.2\,\mathrm{M}}{300\,\mathrm{k}+1.2\,\mathrm{M}} = 240\,[\mathrm{k\Omega}]$$

計測値は、

$$10 \frac{240\,\mathrm{k}}{200\,\mathrm{k}+240\,\mathrm{k}} = 5.5\,[\mathrm{V}]$$

真値6.0Vに対して、誤差が0.5Vは大きいな！
電圧計の内部抵抗をもっと大きくしないと。

計測範囲の拡大

計測レンジが複数ある測定器は、内部に倍率器や分流器を持っています。計測レンジを切り替えると、計測目盛の10倍、100倍といった幅広い値を計測することができます。

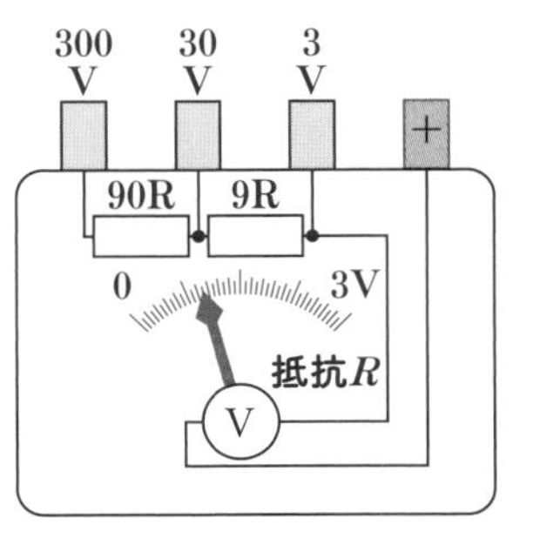

〈電圧計と倍率器〉

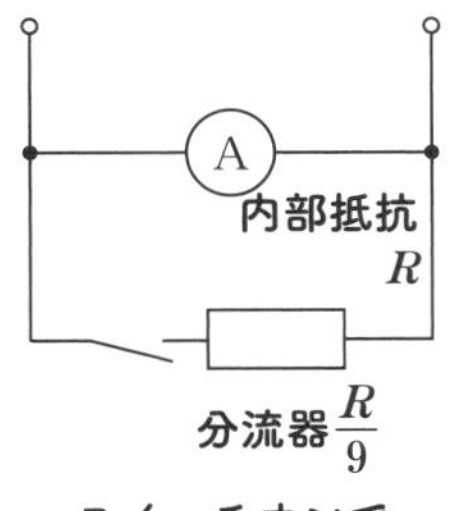

〈電流計と分流器〉

25 知恵と工夫の塊 ―アナログ計器の構造と種類

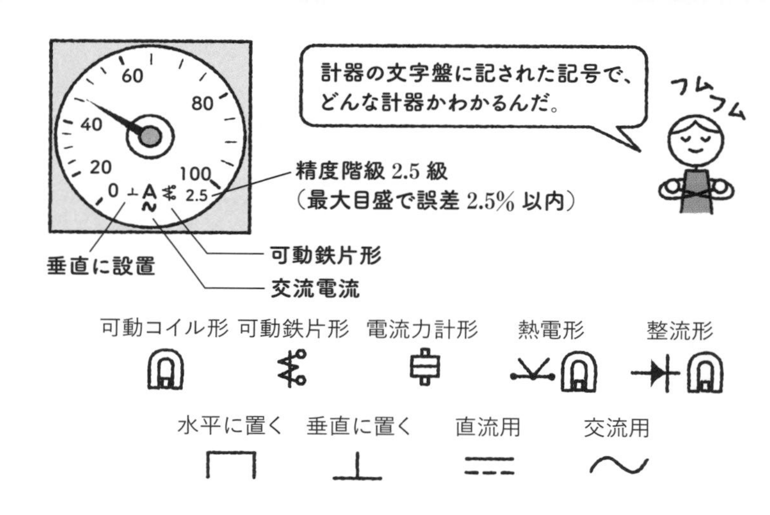

アナログ計器は計測対象の電気を、指針を動かすトルクに変換し、目盛上で指針の位置を読み取ることにより計測します。

アナログ計器には、以下の3つの構成要素があります。

（1）駆動装置

計測対象の電圧や電流の大きさに応じて指針を動かすための**駆動トルク**を発生します。

（2）制御装置

駆動トルクによって動く指針を計測値に応じた位置に止める制

御トルクを発生させます。渦巻きバネや張りつり線(トートバンド)が用いられます。

(3) 制動装置

指針を目標の指示値に速やかに静止させるための制動トルクを発生させます。薄板でできた羽根の空気抵抗や油の粘性などを利用します。

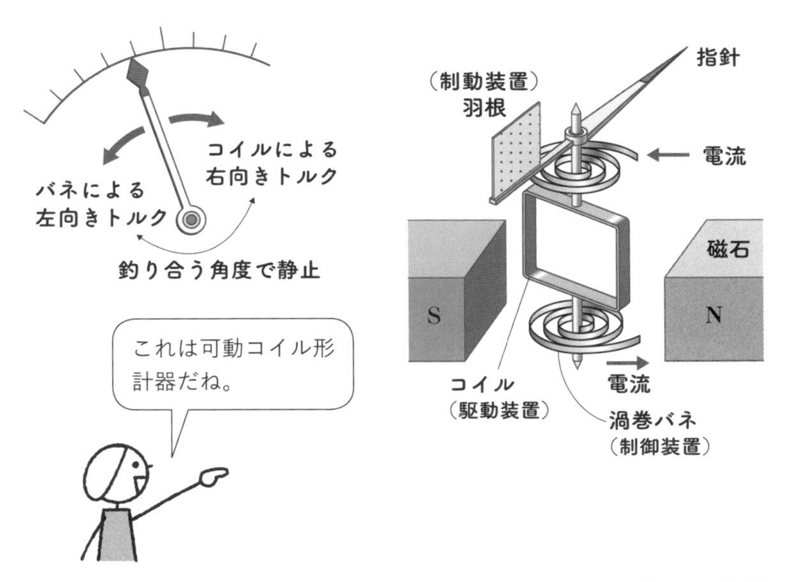

アナログ計器には、**駆動トルクの発生原理**によって多くの種類があり、計測対象に合った計器を選ぶ必要があります。

可動コイル形計器

永久磁石による一定磁界中に置かれた可動コイルに電流を流すことで生じる駆動トルクを利用します。アナログ計器の中では最も高感度で精度が高く、広く用いられています。

直流にしか使用できず、波形の**平均値**を指示します。

可動鉄片形計器

固定コイルに電流を流すことにより発生する磁界で、可動鉄片と固定鉄片を磁化し、この間に働く駆動トルクを利用します。波形の**実効値**を指示します(⑮参照)。精度は可動コイル形に劣りますが、堅牢かつ安価で、主に交流商用電源の計測に用いられます。

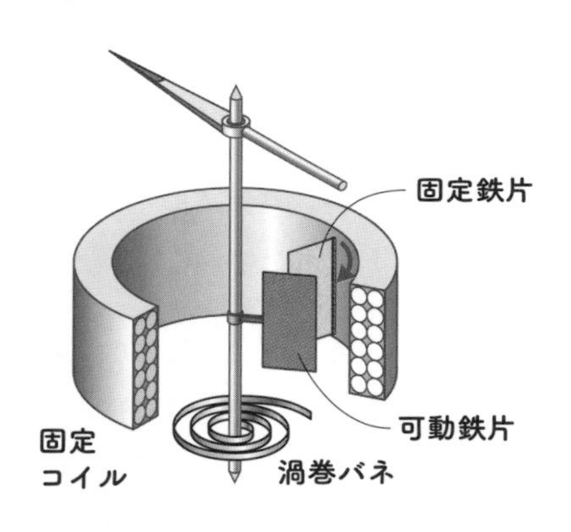

可動部に電流を流さないから堅牢なんだ。

電流力計形計器

固定コイルと可動コイルの2つのコイルに電流を流し、それぞれのコイルの間に発生する駆動トルクを利用します。直流でも交流でも使用可能で、波形の**実効値**を指示します。

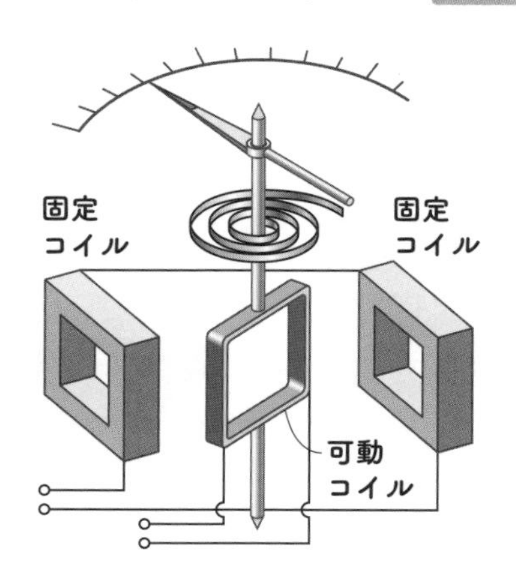

固定コイルに流れる電流と、可動コイルに流れる電流の積に応じた駆動トルクが発生するから電力の計測に利用されるよ。

熱電形計器

測定対象の電流を熱線に流し、発生する熱を熱電対(ねつでんつい)で起電力に変換して可動コイル形計器で計測します。直流でも交流でも使用可能ですが、周波数の影響を受けにくく、高周波の計測に適しています。波形の**実効値**を指示します。

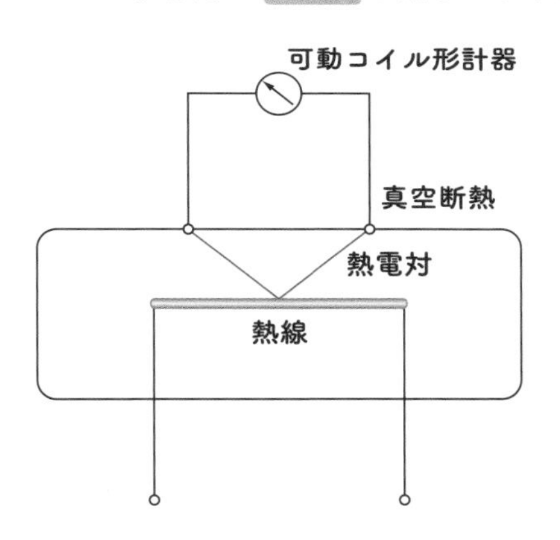

整流形計器

交流を直流に整流し、可動コイル形計器で計測します。交流用計器としては最も感度が高く高精度です。波形の**平均値**を指示します。

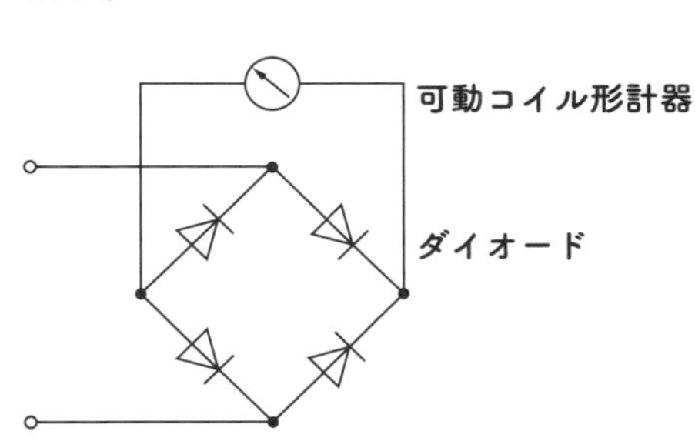

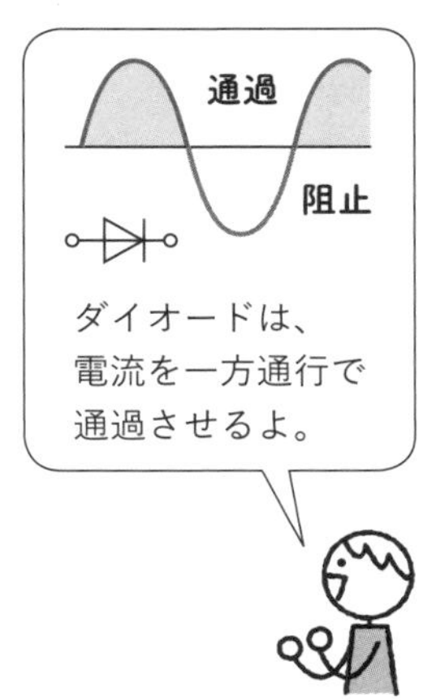

ひずみ波　実効値　平均値

うんちく？トリビア？ —ひずみ波を計測する際の注意点

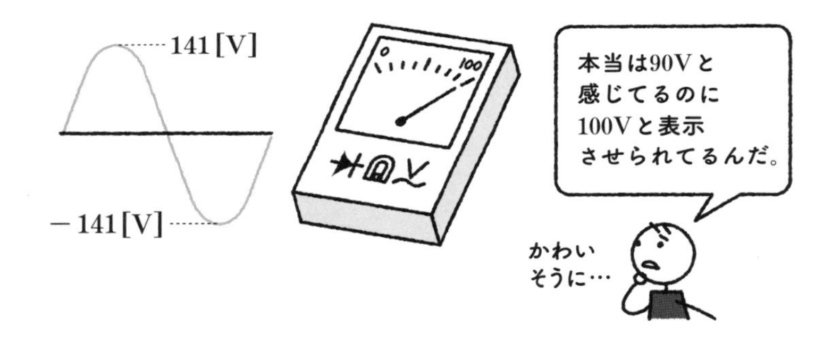

三角波や方形波など、正弦波と著しく波形が異なる**ひずみ波**を計測すると、面白い現象に遭遇します。ここで㉕の各計器の解説にある「**実効値**を指示」「**平均値**を指示」が意味を持ってきます（⑮参照）。

歪みのない100[V]の正弦波交流（波高値141[V]、実効値100[V]）を計測すると、いずれの計器でも実効値である100[V]を指示します。しかし、平均値を指示する整流形計器が実際に見ている値は、波高値141[V]の$\frac{2}{\pi}$倍の90[V]です。この指針の位置に100[V]の目盛を打つことで実効値を計測したように見せかけているのです。

方形波では、波高値、実効値、平均値が等しくなります。これをタイプの異なる交流電圧計で計測すると、計測値が異なってしまいます。

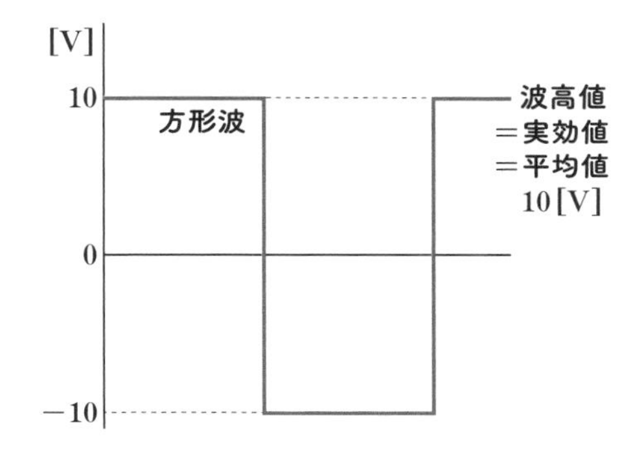

	計器が見る電圧	文字盤上の指示値
実効値を指示する計器（可動鉄片形・熱電形）	10[V]	10[V]
平均値を指示する計器（整流形）	10[V]	11.1[V]

デジタル計器では、入力された波形を極めて短い周期に刻んで（サンプリングといいます）（㊱参照）、それぞれの波高値を計測します。デジタル演算により、これらの値の2乗平均値を求めることで、歪んだ波形でも正しい**実効値**を表示できます。

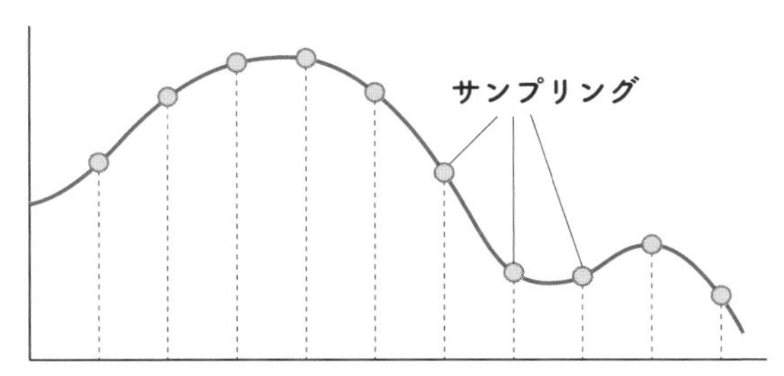

デジタル計器は、一定時間ごとにサンプリングして演算により実効値を求めることができる

27 電気代もこうして決まる —電力と電力量の計測方法

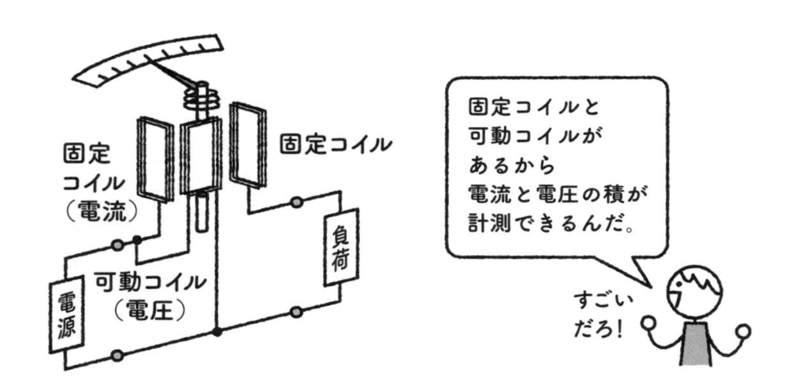

電力は電圧と電流の積として求まります(⑤参照)。そのため電力を計測する際には、電流と電圧の両方を計器に取り込みます。電流力計形計器は、固定コイルと可動コイルを持つため、固定コイルに電流を、可動コイルに電圧をそれぞれ入力すれば、その積に相当する**駆動トルク**を得ることができます。

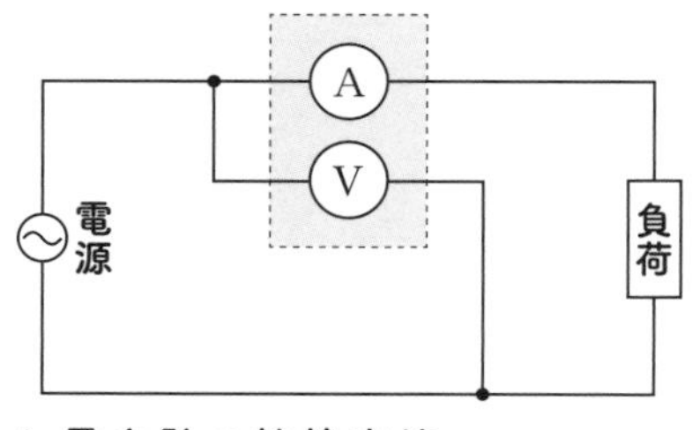

▲ 電力計の結線方法

交流の場合、電圧と電流が同位相の場合にトルクが生じるよう調整すれば有効電力計に、位相差$\frac{\pi}{2}$の場合にトルクが生じるように調整すれば無効電力計になります。

三相交流の場合は、3つの単相電力計を各相に取りつけなくても、1つ少ない2つの単相電力計で三相交流の電力を正しく計測できます。これを二電力計法と呼んでいます。

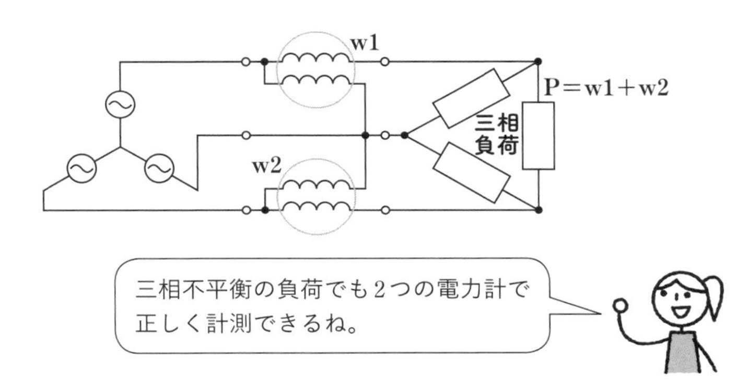

電力量は瞬間ごとの電力を時間的に積み上げた(積分した)ものです(⑤参照)。そこで電力量計では、電力計のように電圧と電流電圧の積に相当する駆動トルクを発生させるまでは同じですが、駆動トルクに応じて円盤を回転させることにより瞬間ごとの電力を時間的に積み上げていき、その回転数をカウントすることで電力量を計測します。

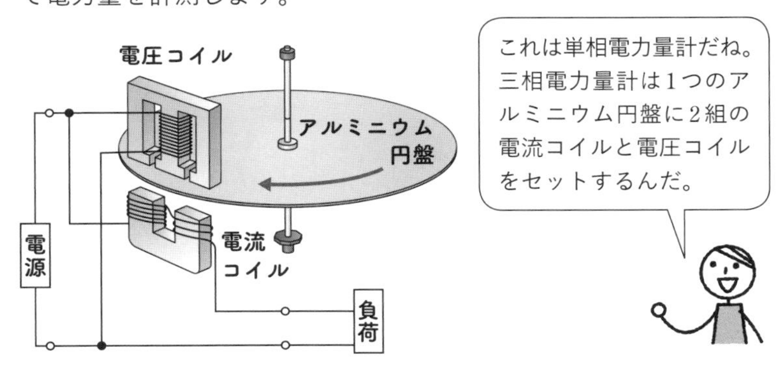

5
電気の姿を知る——電気計測

28 対象に応じていろいろな方法がある—抵抗値の計測

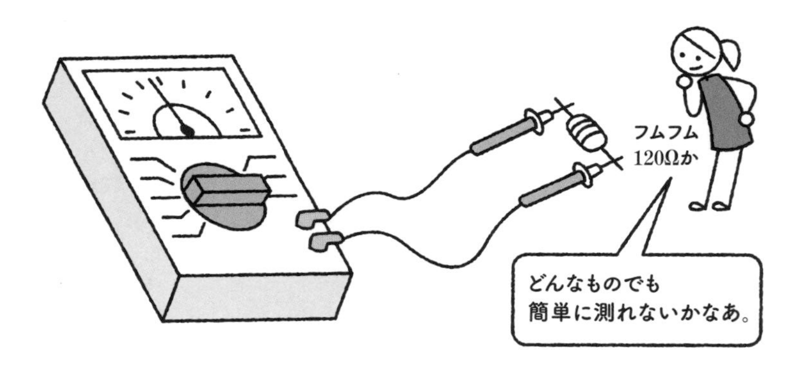

2端子法と4端子法

2端子法は抵抗値の簡便な計測方法で、定電流源によって計測対象に一定の電流を流し、両端の電圧を計測します。電圧計の目盛りを $\frac{電圧}{電流}$ の値としておけば、**抵抗値を直読**できます。計測対象の抵抗値が小さいと、接続するリード線の抵抗の影響で、**計測誤差が大きく**なります。

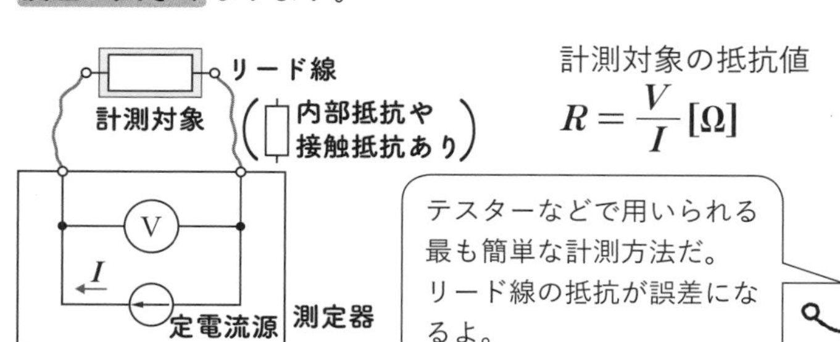

電圧計と電流計を用いる4端子法では、**リード線の抵抗の影響をほとんど排除**できます。

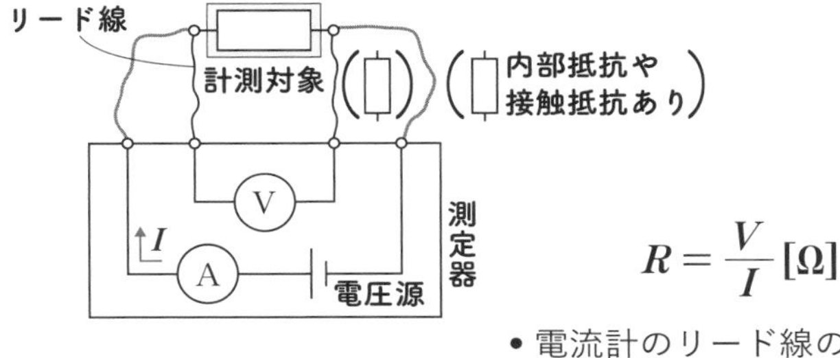

$$R = \frac{V}{I}\,[\Omega]$$

- 電流計のリード線の抵抗は計測に影響なし。
- 電圧計のリード線の抵抗は電圧計の内部抵抗が高いので、ほとんど影響なし。

ホイートストンブリッジ

2端子法や4端子法では、電圧計や電流計自体の計器誤差が抵抗値の計測誤差に影響します。そこで、計器誤差にほとんど影響を受けずに抵抗値を計測できるのが、ホイートストンブリッジです。

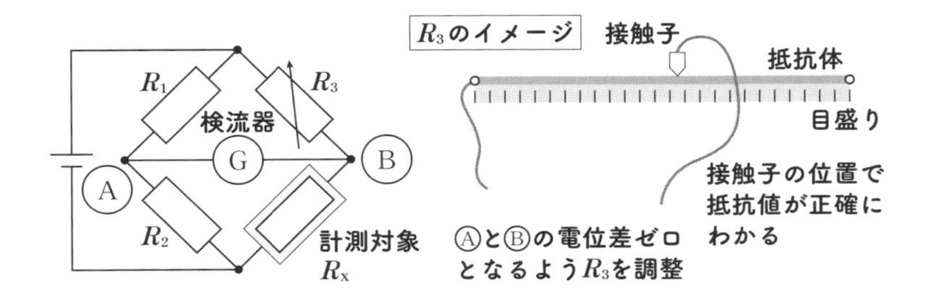

あらかじめ抵抗値がわかっているR_1、R_2、R_3があり、R_3は抵抗値を変化させるダイヤルの位置などから抵抗値が正確に決まる可変抵抗です。A点とB点の電位差が0となるようR_3の値を調整

すると、R_1：R_2＝R_3：R_Xが成り立つことから、未知の抵抗R_Xの値を$R_X=\dfrac{R_2R_3}{R_1}$[Ω]と求めることができます。

電位差0の平衡状態では検流器に電流が流れないので、検流器の内部抵抗は、測定誤差にほとんど影響を与えません。

接地抵抗の計測

電気設備や電気機器を安全に使用するためには**接地**(いわゆるアース)が必要です。設備が大地に接続されていることを確認するために、**接地抵抗**を計測します。

簡易測定器は**4端子法**を応用したもので、電流を流すための補助極が持つ接地抵抗が計測値に含まれないよう、補助極を分けます。計測対象の接地極と大地との間に一定の電流を流し、その際に生じる電圧降下を計測することで抵抗値を求めます。

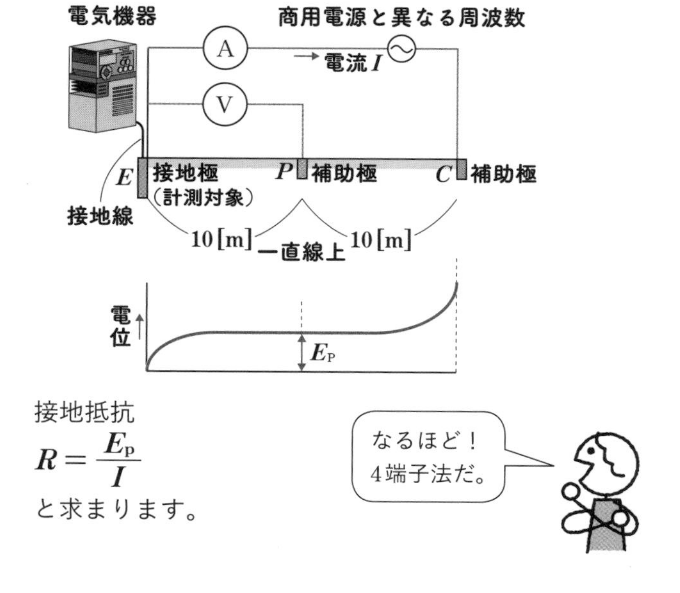

大規模なビルや変電所では、接地抵抗を下げるために広大なメッシュ状の接地電極を埋設しています。その場合は、接地電極から十分離れた地点との電位差から接地抵抗を計測する必要があります。

接地網1辺の長さの4〜5倍の距離に電流回路の補助電極を打ち込み、計測のための電流による誘導を避けるため反対側300〜600[m]に基準電極を設置して、これとメッシュ接地間の電圧を計測して接地抵抗を求めます。電流は20〜30[A]が必要なため商用電源を用いて、浮遊誘導電圧の影響を除外するために電流の極性を反転させて電圧を計測し、計算により真の電圧値を求めます。

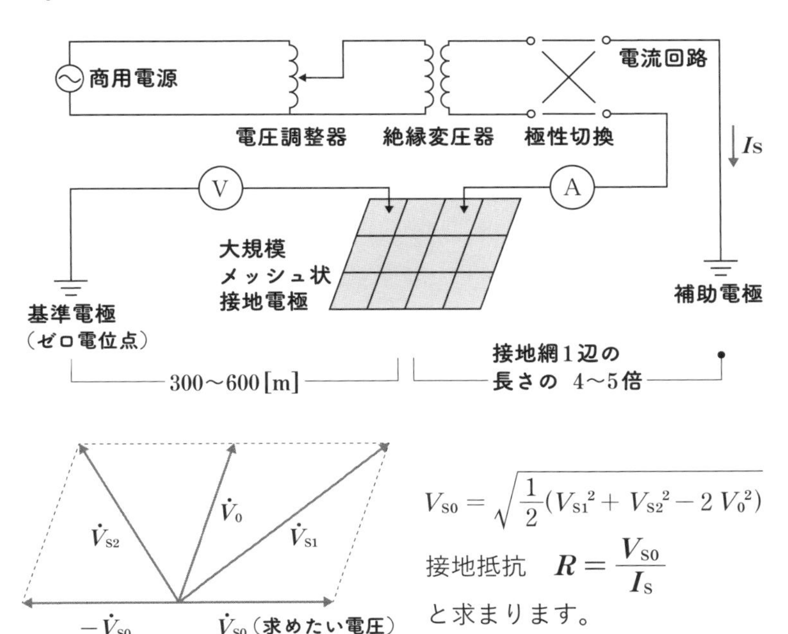

V_0：測定用電流を流す前に計測した浮遊誘導電圧

V_{S1}、V_{S2}：電流の極性を切り替えて計測した電圧

高電圧・大電流の味方 ―計器用変成器

高電圧・大電流を扱う電力系統などで安全に計測するためには、主回路と絶縁した状態で計測対象となる電圧や電流を扱いやすい大きさに変換する「計器用変成器」を用います。

電流用の変成器は**CT**(Current Transformer)といいます。電流測定対象の主回路が貫く環状鉄心に二次巻線を巻きつけた**変圧器**です。

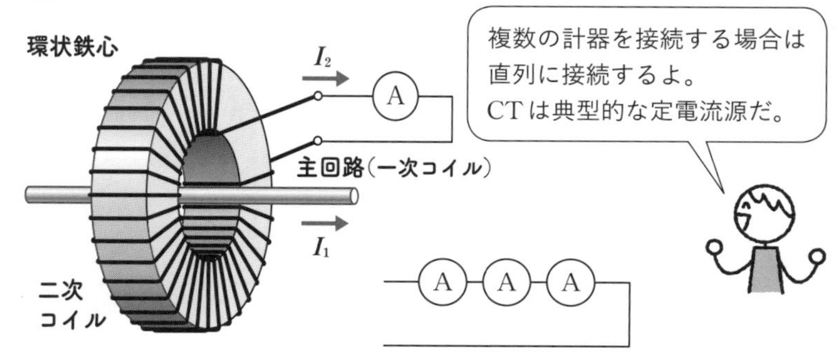

CTレシオ $\frac{2,000}{5}$ となっていれば、主回路に $I_1 = 2,000$ [A] が流れたときに二次側に $I_2 = 5$ [A] が流れます。CTレシオには $\frac{800}{5}$、$\frac{1,200}{5}$、$\frac{2,000}{5}$ などさまざまなものが用意されているので、主回路に定格電流が流れても二次側が5[A]を超えないようなレシオのものを選びます。

主回路に短絡などの故障が生じた場合には定格電流の何十倍もの大電流が流れるため、大電流に耐える強度を持ち、大電流を正しく変換する性能も重要です。

CTの二次側は必ず短絡した状態で使用します。誤って開放すると、異常電圧を生じて大変危険です。

電圧用の変成器は**VT**(Voltage Transformer)といいます。一次側に6.6[kV]、66[kV]、275[kV]など公称電圧が印加された場合に二次側が110[V]となる巻線比を持っています。**変圧器**タイプのVTだけでなく、**コンデンサー**により分圧する**CVT**(Capacitor Voltage Transformer)も広く用いられています。VTやCVTの二次側を短絡すると、大電流が流れて大変危険です。

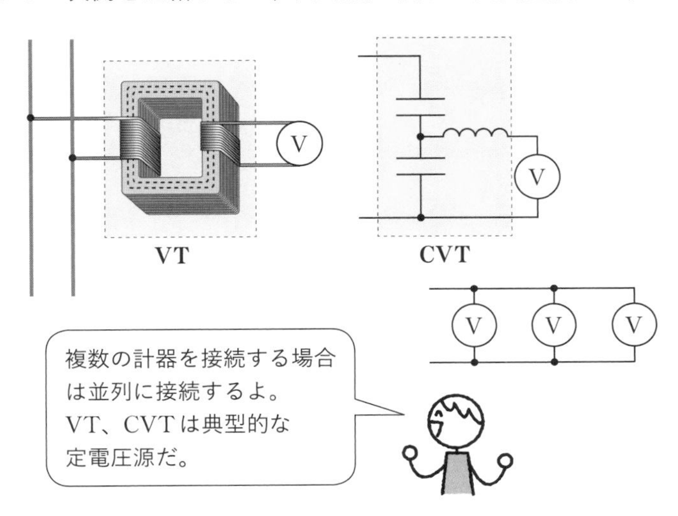

Chapter

6 情報としての電気 ―音声信号回路

エジソンの蓄音機やベルの電話機に始まって、情報伝達の手段としての利用は、エネルギーとしての利用と並ぶ電気の利用の2本柱です。Chapter6では、音声信号など情報としての電気について、概要を紹介します。

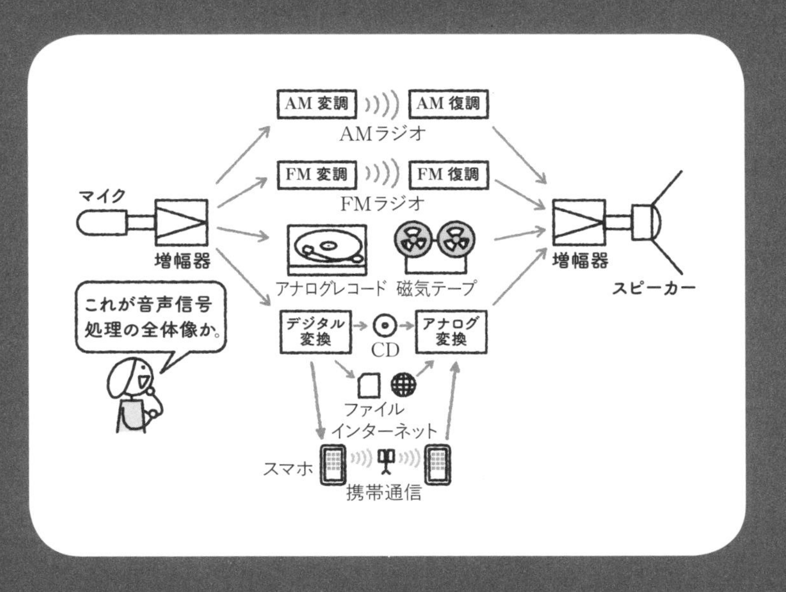

オクターブ　デシベル　対数

音声信号は倍々ゲーム—音声の強さを表すデシベル

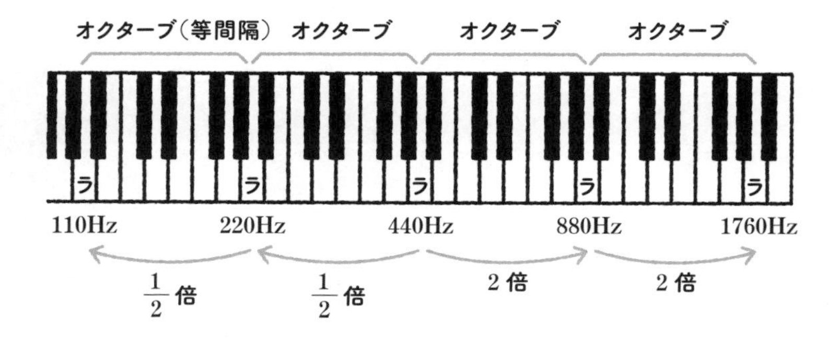

交流の一種に音声信号があります。音声や音楽を電気の音声信号に変換し伝達する電気通信の分野は、電気回路の重要な応用分野として発展してきました。音声信号は交流ですが、波形や周波数は不規則です。音楽を含めた音声信号の周波数は、人間の耳で聞き取れる20～2万[Hz]程度となります。

音程と周波数

人間の耳には等間隔に聞こえる**オクターブ**は、**周波数**では2のべき乗の値、つまり2オクターブで4倍となります。

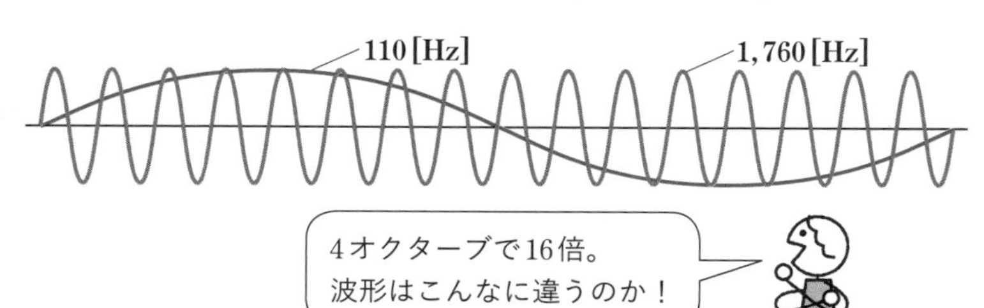

音の強さ

音の正体は空気の圧力が変化する粗密波です。音の強さには**デシベル[dB]**という単位を使います。もともとデシベルは、ある基準に対して何倍、というように相対的な大きさを表す単位ですが、音量を表す際には人間が聞こえる最小音量とされる20[μPa]（マイクロパスカル）の圧力を基準として、対象とする音圧が基準に対してどれだけ大きいかを表します。このように**音圧**を表すデシベルをdB SPL（Sound Pressure Level）といいます。音圧レベルdB SPLは10を底とする**常用対数**に係数20を乗じたものです。

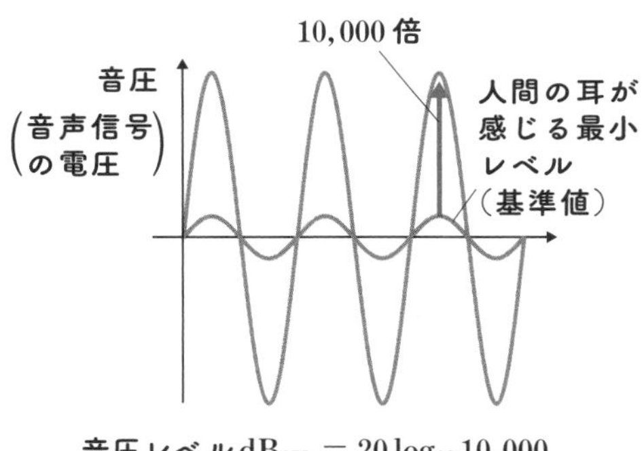

$$\text{音圧レベル}\,\mathrm{dB_{SPL}} = 20\log_{10}10{,}000 = 20\times 4 = 80\,[\mathrm{dB}]$$

音程と同じように音量の波形の違いもすごいなぁ！

音圧レベル [dBSPL]	日常生活における音
100	電車が通るときのガード下、クラクション
80	電車の車内、ピアノ
60	普通の会話、チャイム
40	図書館、静かな住宅地
20	木の葉の触れ合う音、ささやき声

音の大きさを**対数**表記であるデシベルで表すと、何桁にも及ぶ広範囲を簡潔に表現でき、人間の聴覚における音量の感覚とも近くなります。

磁束 電極

電気と音の世界を橋渡しする―マイクとスピーカー

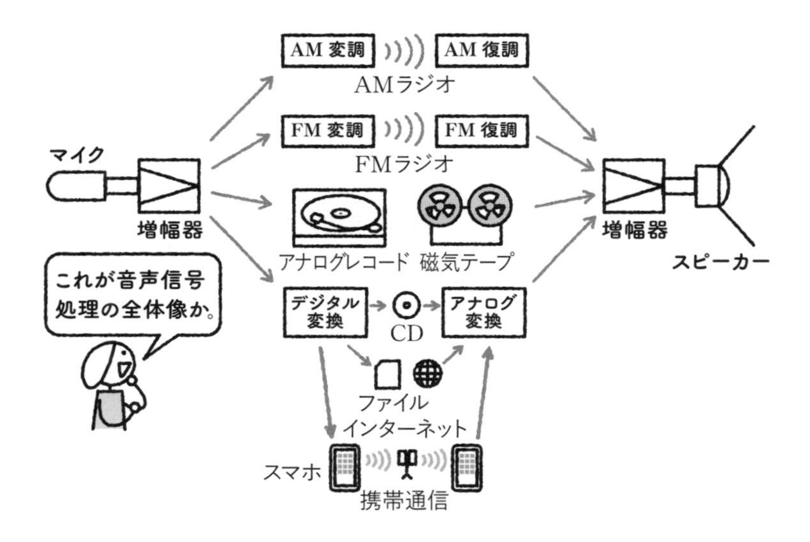

音声を電気信号に変換するのがマイク、電気信号を音声に変換するのがスピーカーです。音の世界と電気の世界をつなぐマイクとスピーカー、それぞれ主に2つの方式があります。

ダイナミック型

永久磁石がつくる**磁束**の中に、**振動板**と結合したボイスコイルの導体が置かれた構造となっています。マイクが音を拾う原理は、⑦(電気と磁気)に示した「磁束の変化に比例する電圧が発生」の通りで、スピーカーが音を発する原理は「磁束と電流に比例する力が発生」の通りです。

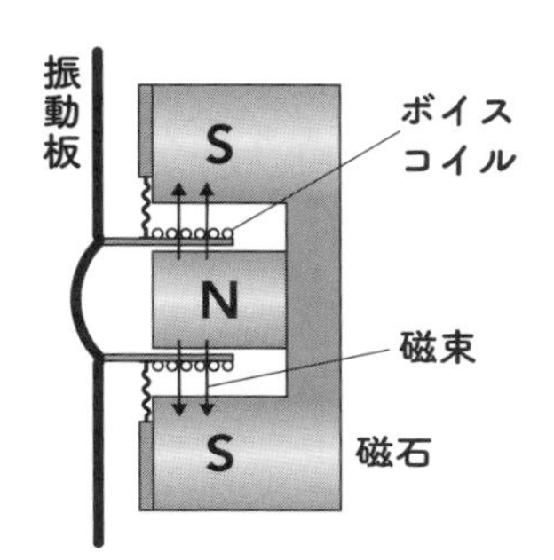

[マイク] 空気の圧力の波により振動板が前後に動くと、ボイスコイルが磁束を横切り発電する。

[スピーカー] ボイスコイルに音声信号を流すと、磁束との間で力を発生し、振動板が空気を動かす。

発電機やモーターと同じ原理だ！
大音量を出せるし、丈夫で扱いやすいタフガイだ。

コンデンサー型

コンデンサーの**電極**が、そのまま**振動板**になっています。電極間に数十〜数百ボルト一定の直流電圧を印加しておくため、外部電源が必要です。

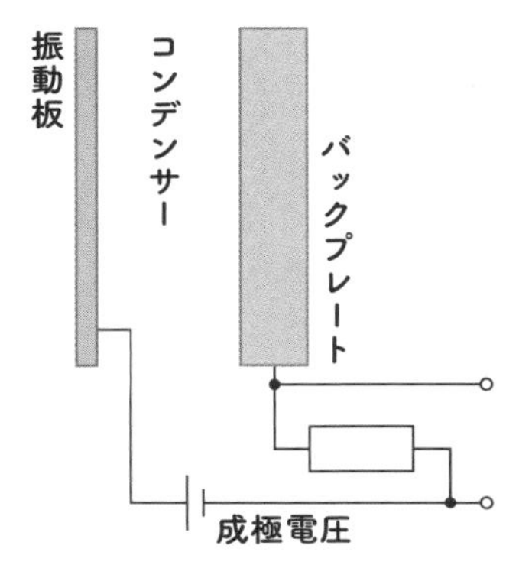

[マイク] 空気の圧力の波により振動板が前後に動くと、コンデンサーの容量が変化し、充放電電流が流れる。

[スピーカー] コンデンサーの電極に音声信号の電圧を付加すると、極板間の静電力が変化し、極板が振動する。

大音量を出せないのでスピーカーはほとんど普及していないの。
外部振動や湿度変化に弱いけど、音質が良いので、スタジオ用マイクには広く普及しているの。
繊細な箱入娘ですのよ〜。

32 コイルとコンデンサーの本領発揮 ―周波数フィルター回路

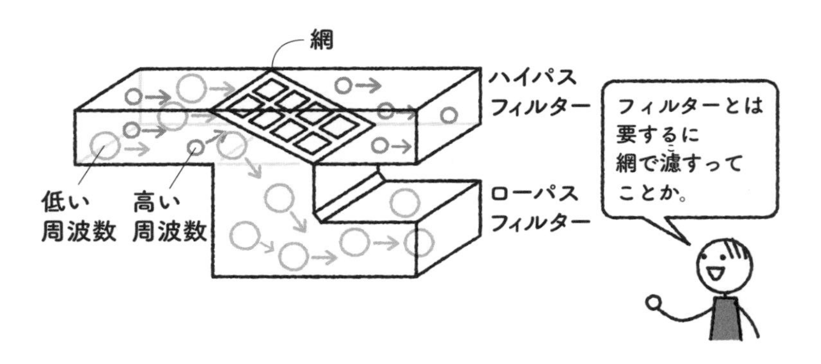

広い範囲の周波数を扱う音声信号では、必要な周波数の信号だけ通過させて不要な周波数の信号を阻止するニーズがあります。そこで活躍するのが、高い周波数を通過させやすい**コンデンサー**と、低い周波数を通過させやすい**コイル**です（⑯参照）。

低い周波数のみ通過する回路を**ローパスフィルター**、高い周波数のみ通過する回路を**ハイパスフィルター**といいます。

フィルター回路の入力電圧$\dot{V}_{\mathrm{in}}$に対する出力電圧$\dot{V}_{\mathrm{out}}$の割合を**伝達関数**といいます。この伝達関数は、電圧の位相も考慮したベクトル値で、複素数で表されます。また、伝達関数のうち振幅だけに着目したものが**ゲイン**です。

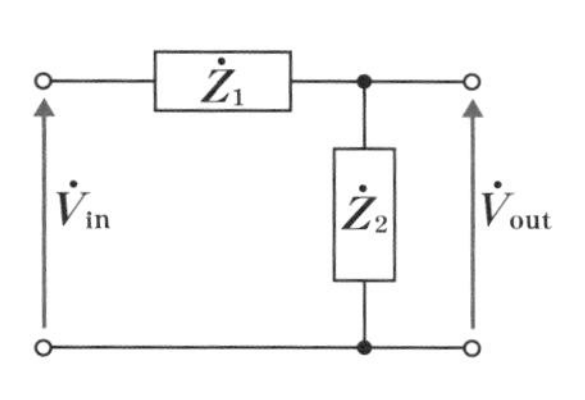

伝達関数

$$\frac{\dot{V}_{out}}{\dot{V}_{in}} = \frac{\dot{Z}_2}{\dot{Z}_1 + \dot{Z}_2}$$

ゲイン

$$\left| \frac{\dot{V}_{out}}{\dot{V}_{in}} \right| = \sqrt{実部^2 + 虚部^2}$$

（←伝達関数の）

（伝達関数の絶対値）

ゲインはデシベル表示されることが多い。

ゲイン1(0dB)→完全通過
ゲイン0(−∞dB)→完全阻止

$$ゲイン[\mathrm{dB}] = 20\log_{10}\left| \frac{\dot{V}_{out}}{\dot{V}_{in}} \right|$$

抵抗とコンデンサーによるRCローパスフィルター、抵抗とコイルによるRLハイパスフィルターについて、伝達関数とゲインは以下の通りです。

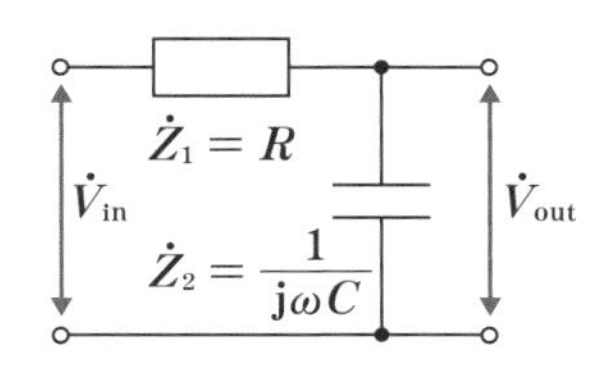

伝達関数

$$\frac{\dot{V}_{out}}{\dot{V}_{in}} = \frac{\dot{Z}_2}{\dot{Z}_1 + \dot{Z}_2} = \frac{\frac{1}{j\omega C}}{R + \frac{1}{j\omega C}}$$

$$= \frac{1}{1 + j\omega CR}$$

ゲイン

$$\left| \frac{\dot{V}_{out}}{\dot{V}_{in}} \right| = \frac{1}{\sqrt{1 + (\omega CR)^2}}$$

▲ RCローパスフィルター

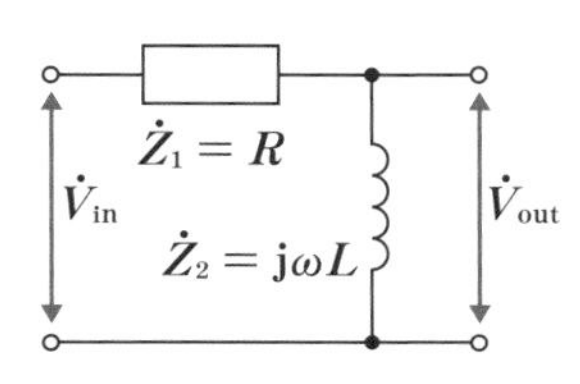

伝達関数

$$\frac{\dot{V}_{out}}{\dot{V}_{in}} = \frac{\dot{Z}_2}{\dot{Z}_1 + \dot{Z}_2}$$

$$= \frac{j\omega L}{R + j\omega L}$$

ゲイン

$$\left| \frac{\dot{V}_{out}}{\dot{V}_{in}} \right| = \frac{\omega L}{\sqrt{R^2 + (\omega L)^2}}$$

▲ RLハイパスフィルター

ゲインが$\frac{1}{\sqrt{2}}$（-3[dB]）になる周波数 f_c を**カットオフ周波数**と呼んでいます。

$$\frac{1}{\sqrt{1+(\omega CR)^2}}=\frac{1}{\sqrt{2}}\text{ より、}1+(\omega CR)^2=2$$

$$\omega=2\pi f_C\text{ なので、}(2\pi f_C CR)^2=2-1$$

$$f_C=\frac{1}{2\pi CR}$$

$$f_C=\frac{1}{2\pi CR}$$

▲ RCローパスフィルター

$$f_C=\frac{R}{2\pi L}$$

▲ RLハイパスフィルター

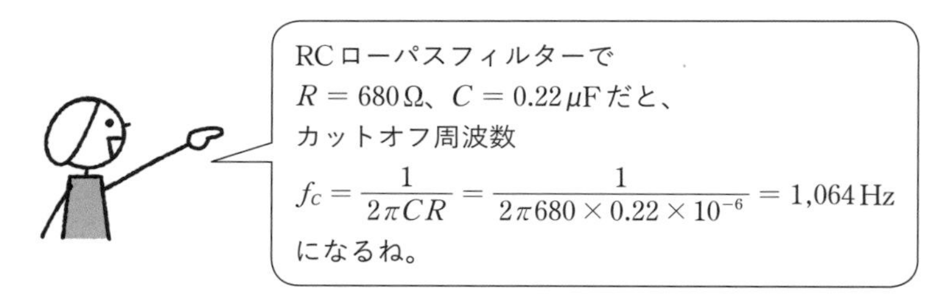

ゲイン[dB]$\left(=20\log_{10}\left|\frac{\dot{V}_{\mathrm{out}}}{\dot{V}_{\mathrm{in}}}\right|\right)$をグラフにすると、

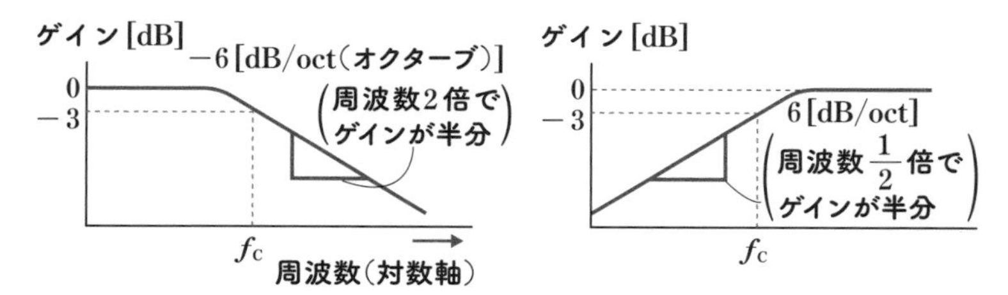

▲ RCローパスフィルター　　▲ RLハイパスフィルター

フィルター回路を通すと、阻止対象の周波数帯の信号が抑制されますが、同時に**位相**も変化します。

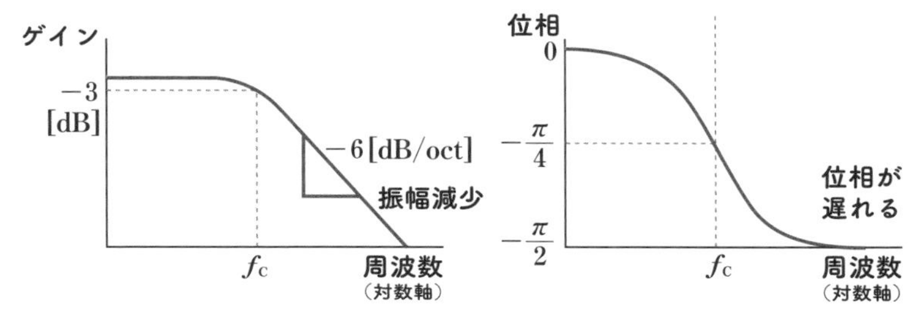

▲ RCローパスフィルター

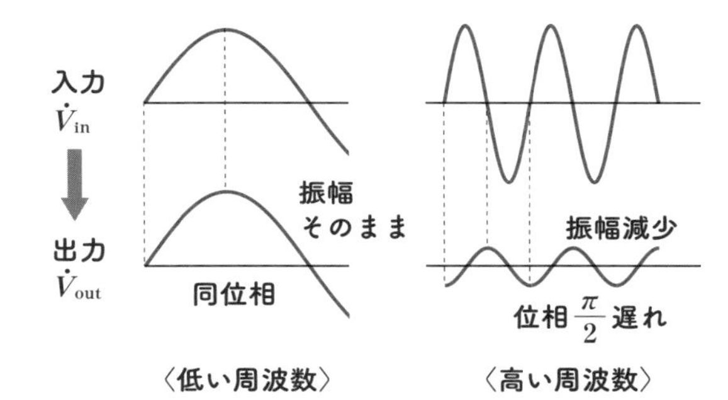

コイルやコンデンサーを複数使うと、1オクターブあたり電圧振幅が $\frac{1}{4}$ になる −12 [dB/oct] など急峻な遮断特性を持つフィルターも作成可能です。

下の図は、高音と低音を別のスピーカーユニットが受け持つ2ウェイスピーカーの例です。各ユニットの良好な音質が得られる周波数帯域は限られているため、急峻な遮断特性を持つフィルター回路を挿入して、音声信号を各ユニットの受け持つ周波数帯に分けています。

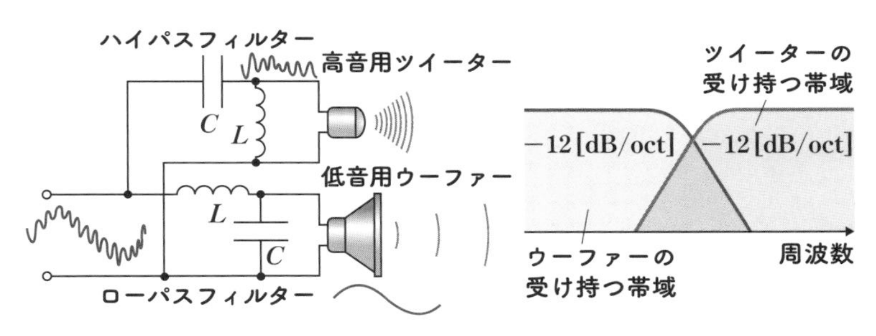

フィルター回路の応用―LC共振回路

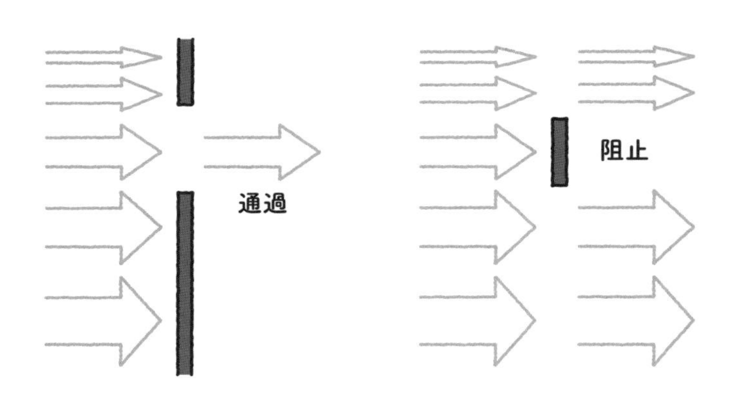

交流において、低周波の電流を通しやすく、電圧に対して電流の位相が遅れる**コイル**と、高周波の電流を通しやすく電圧に対して電流の位相が進む**コンデンサー**は逆の性質を持っています（⑯参照）。これを直列に接続すると、特定の周波数でインピーダンスが極端に小さくなる**直列共振**という状態になります。

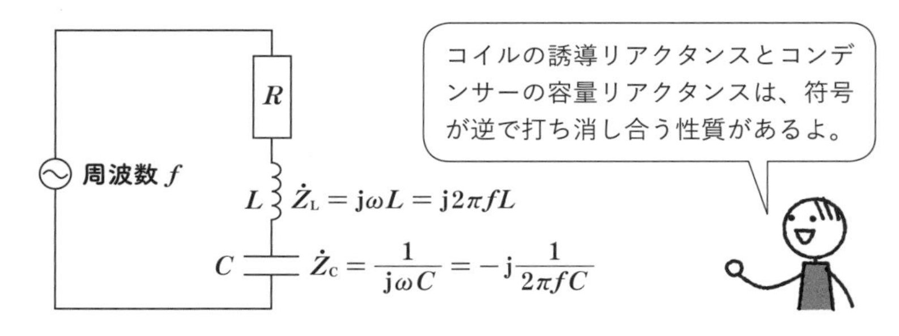

共振周波数 f_0 では $\dot{Z}_L + \dot{Z}_C = 0$ なので、

$j2\pi f_0 L - j\dfrac{1}{2\pi f_0 C} = 0$ より、$f_0 = \dfrac{1}{2\pi\sqrt{LC}}$ と求まります。

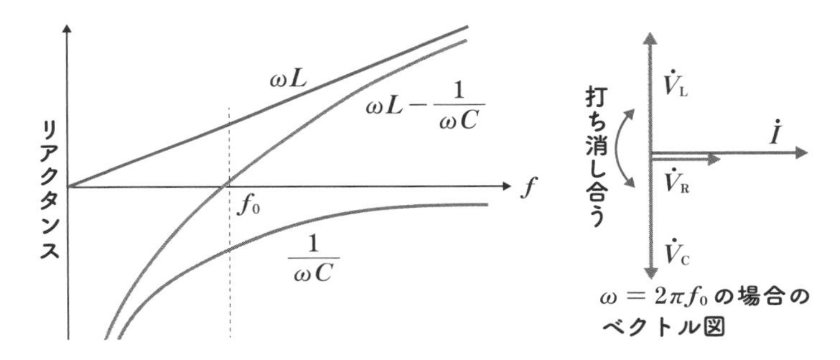

コイルとコンデンサーを並列に接続すると、特定の周波数でインピーダンスが極端に大きくなる**並列共振**という状態になります。このとき、コイルとコンデンサーは互いに同量の電流を還流し続けて、外部からの電流の流入がなくなっています。

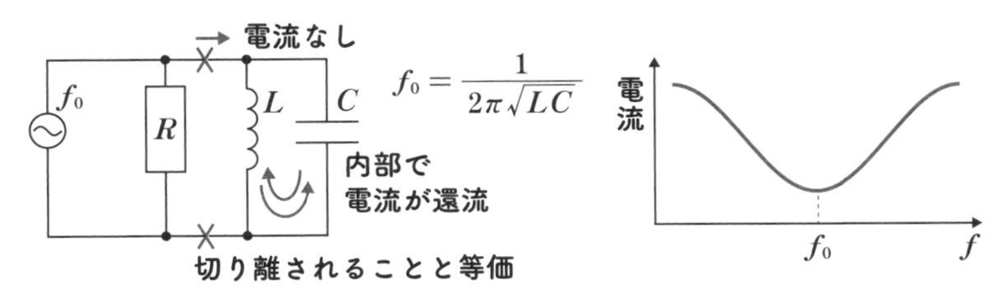

ラジオ放送では、放送局ごとに異なる周波数が割りあてられており、共振回路を使えば、特定の放送局の電波の周波数だけを選別して聴くことができます。

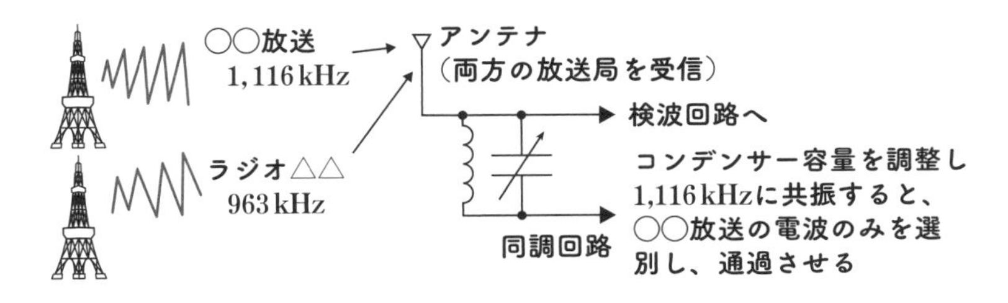

音声信号処理の心臓部―増幅回路の使い方

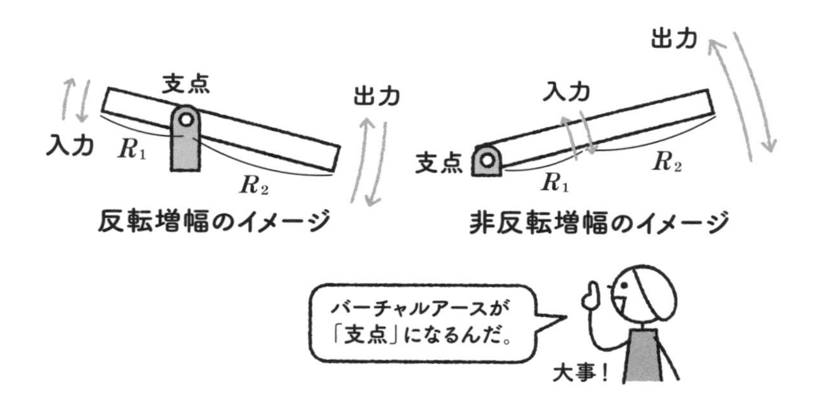

マイクが拾った微弱な音声信号をスピーカーで鳴らすには、波形を維持したままで電圧や電力の増幅が不可欠です。そこで活躍するのが、**理想増幅器**である**OPアンプ**（オペアンプ）です。

OPアンプは、$V_{out} = G(V_{in^+} - V_{in^-})$という入出力特性を持ち、ゲイン（増幅度）$G$は無限大です。

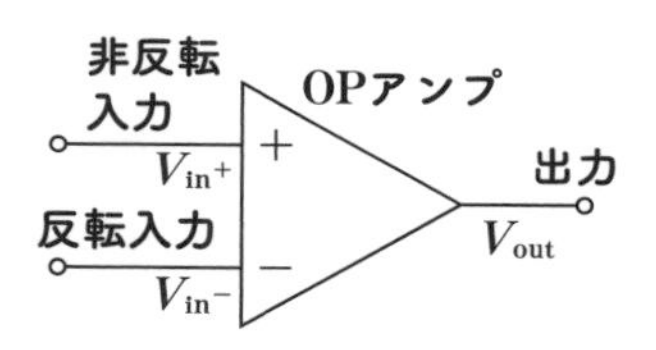

OPアンプには、次の3つの特徴があります。

(1) 入力インピーダンス「無限大」(電流が流れ込まない)

(2) 出力インピーダンス「ゼロ」(負荷をつないでも出力変動しない)

(3) 2つの入力が同電位になる**バーチャルアース**が成り立つ

増幅度が無限大なのに出力が有限値だとしたら、
入力はゼロってことになるね。これが理解の肝だ！

反転増幅回路

反転入力は、バーチャルアースでゼロ電位です。R_1に流れる電流$I=\frac{E_{\mathrm{in}}}{R_1}$はそのまま出力端子に流れるため、出力端子との間に$-IR_2$の電圧降下を生じ、この電圧が$E_{\mathrm{out}}$になります。

ゲイン　$\frac{E_{\mathrm{out}}}{E_{\mathrm{in}}}=-\frac{R_2}{R_1}$

非反転増幅回路

非反転入力の電圧はE_{out}が$\frac{R_1}{(R_1+R_2)}$倍されたもので、これがバーチャルアースにより、E_{in}と等しくなります。

ゲイン　$\frac{E_{\mathrm{out}}}{E_{\mathrm{in}}}=\frac{R_1+R_2}{R_1}$

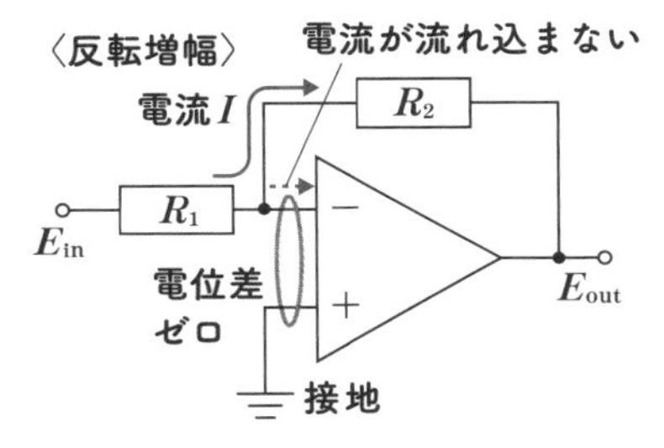

$\left.\begin{matrix}R_1=1\,[\mathrm{k\Omega}]\\R_2=5\,[\mathrm{k\Omega}]\end{matrix}\right)$ で $E_{\mathrm{in}}=2\,[\mathrm{V}]$ の場合

$E_{\mathrm{out}}=-\frac{5}{1}2=-10\,[\mathrm{V}]$

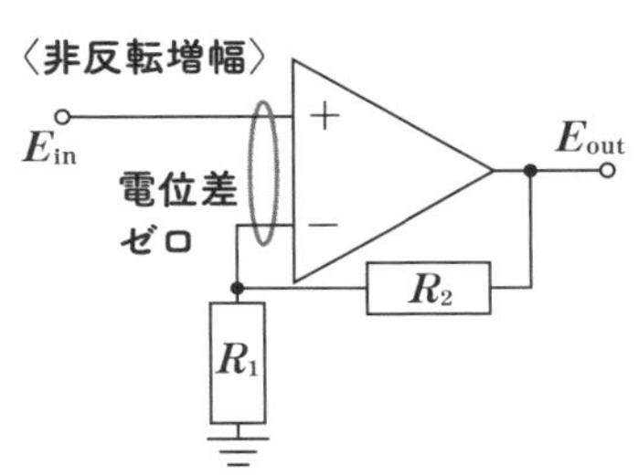

$\left.\begin{matrix}R_1=1\,[\mathrm{k\Omega}]\\R_2=5\,[\mathrm{k\Omega}]\end{matrix}\right)$ で $E_{\mathrm{in}}=2\,[\mathrm{V}]$ の場合

$E_{\mathrm{out}}=\frac{1+5}{1}2=12\,[\mathrm{V}]$

電界 磁界 周波数

音声信号を伝える定番 —AMラジオとFMラジオ

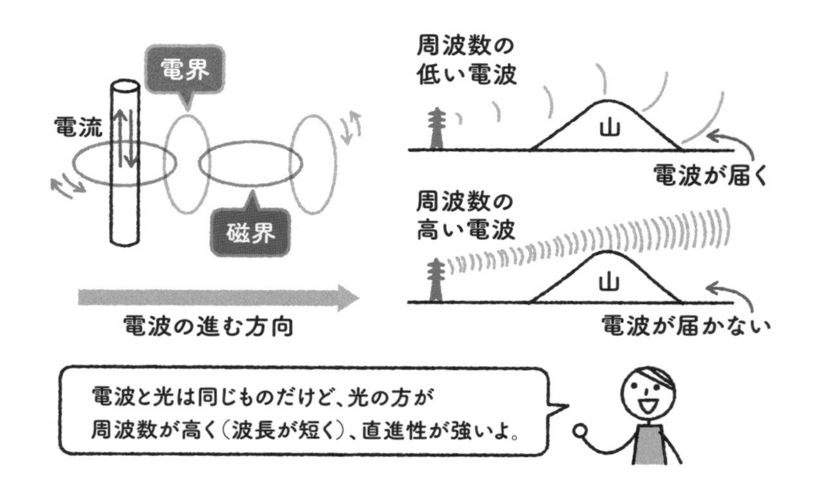

音声信号を遠方に伝える手段として電波によるラジオ放送があります。電波は**電界**と**磁界**が交差しながら伝搬し、空気の圧力により伝搬する音と違って真空中でも進むことができます。**周波数**が低いと山の陰などにも回り込みますが、**周波数**が高いと直進性が高くなり、陰に入ると受信できなくなります。

音声信号は、放送に適した高い周波数の電波にのせる必要があり、この電波を搬送波といいます。AMとFMでは、搬送波に音声信号をのせる際の方式が異なっています。

AM（Amplitude Modulation）

振幅変調ともいい、音声信号の波形に応じて搬送波の振幅を変化させます。日本では、AMラジオは531～1,602［kHz］の中波と呼ばれる周波数帯が使われていて、山間部でも電波が回り込みやすく送信所から遠くても聴取可能です。半面、電気機器や雷の影響で搬送波に乱れが生じると、そのまま音声信号のノイズになってしまうなど、音質が良くないという欠点があります。

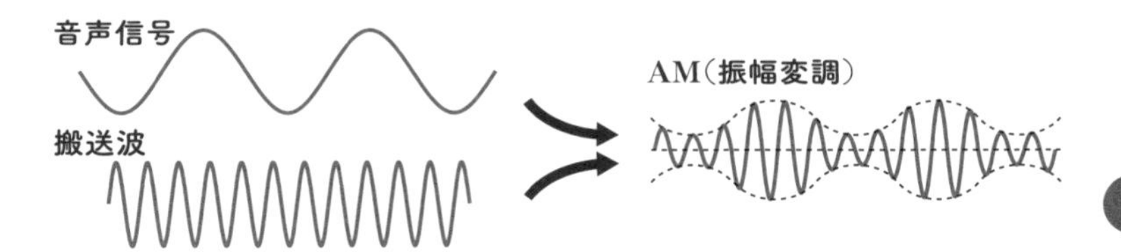

FM（Frequency Modulation）

周波数変調ともいい、音声信号の波形に応じて搬送波の周波数を変化させます。ノイズに強く音質が良いため、音楽放送に適しています。日本では、FMラジオは76.1～94.9［MHz］の極超短波と呼ばれる周波数帯が使われています。

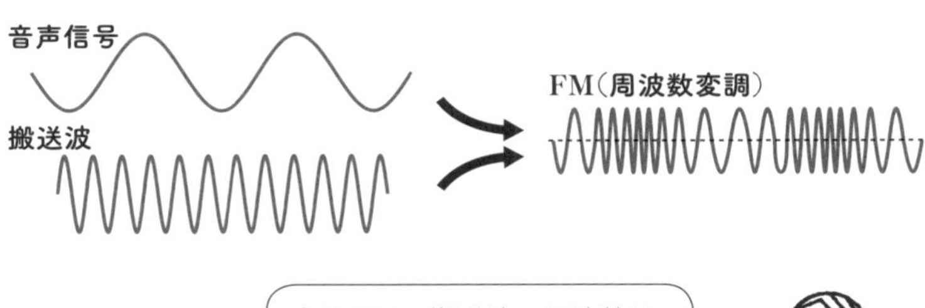

実はFMの搬送波の周波数は、
AMの約100倍だ。

量子化　サンプリング　2進数

36 世間のあたり前―2進数とデジタル信号、デジタル変換

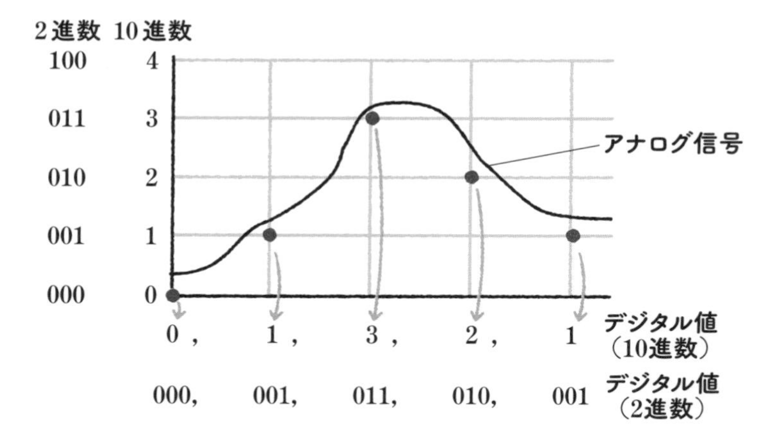

世の中にはデジタルがあふれていますが、デジタルとは、いったいどのようなものでしょうか。

デジタルとは数値や量が飛び飛びの断続的な値をとることです。対するアナログは連続的な値をとります。小数を含んだ数を四捨五入や切り捨てによって無理やり整数で表現するイメージです。

アナログ信号の振幅情報をデジタル化することを**量子化**ともいい、デジタル化によって失われる細かい情報を量子化ノイズといいます。

一定時間間隔ごとのデータになることを**サンプリング**（標本化）といいます。アナログ信号の1周期内に最低2回のサンプリングがあれば、もとのアナログ波形を再現可能で、これをサンプリング定理（標本化定理）といいます。CDのサンプリング周波数は44.1［kHz］、つまり1秒間に44,100回のサンプリングなので、周波数22.1［kHz］までの音声信号が記録できます。

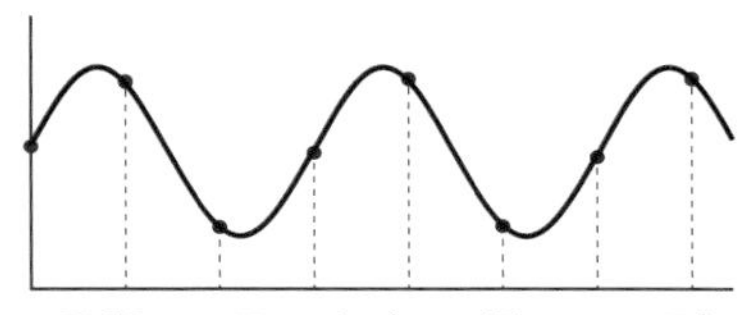

1周期に2回以上（この例では3回）のサンプリングがあるため、デジタル信号はもとのアナログ波形を再現可能

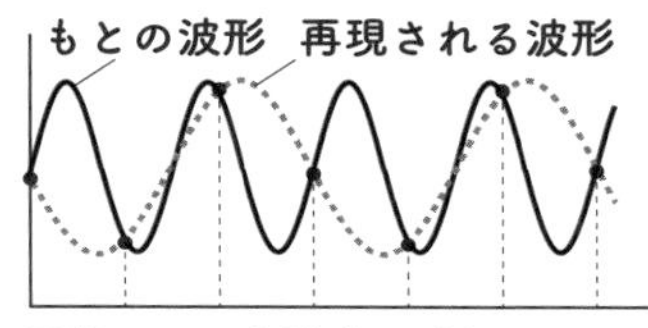

1周期に2回未満（この例では1.5回）のサンプリングしかないため、デジタル信号はもとのアナログ波形を再現できない

一見するとアナログより情報が減ってしまうデジタル信号ですが、情報を文字で記録するイメージなので、ノイズや信号の劣化にきわめて強いという特徴があります。

パソコンやスマホなどの情報機器は、内部で電圧「あり」「なし」の2値で情報を扱っているため、デジタル化した音声信号は「1」と「0」の**2進数**で表します。例えば、10進数の数字221は2進数で表すと11011101です。これは8桁の2進数なので情報量は8ビットです。8ビットで表現できる情報量は$2^8 = 256$段階が最大です。CDは16ビットなので、$2^{16} = 65{,}536$段階の情報量です。

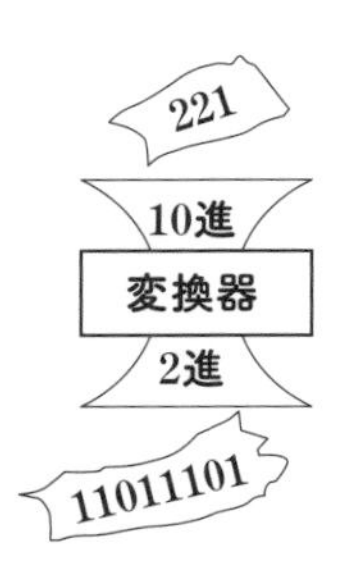

$(1 \times 2^7) + (1 \times 2^6) + (0 \times 2^5) + (1 \times 2^4) + (1 \times 2^3) + (1 \times 2^2) + (0 \times 2^1) \times (1 \times 2^0) = 221$。
確かに合ってる。

デジタル→アナログ変換

4ビットのデジタル信号からアナログ波形を再現する場合、2の0乗から2の3乗まで、4つの異なる大きさの電流源を用意します。ビットの情報に合わせて対応する電流源をON/OFFし、電流を加算してローパスフィルターを通せば（㉜参照）、アナログ信号が再現できます。

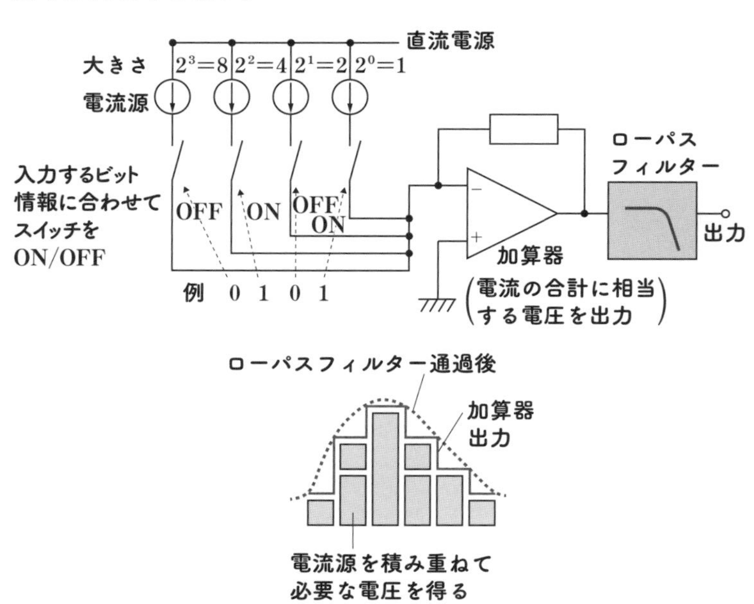

他の方法として、1つの電圧源をON/OFFさせるパルス幅変調（PWM：Pulse Width Modulation）という方法があります。

ビット数の多い精細な情報を表現するには極めて高速のスイッチングが必要なため、高周波で動作するICが必要ですが、量産に適しており、広く普及しています。

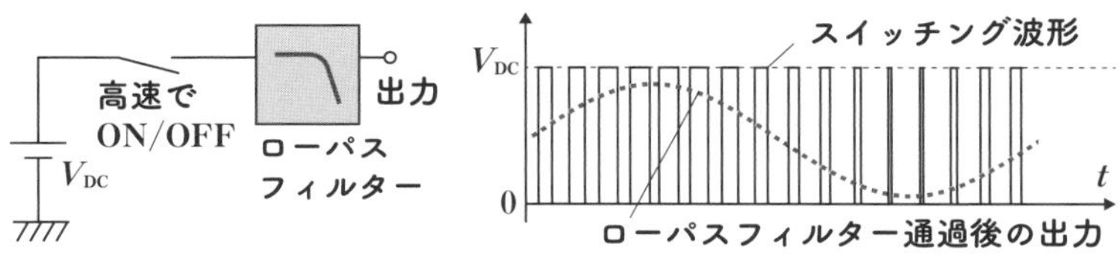

アナログ→デジタル変換

仮のデジタル信号をアナログ変換して作成した電圧と、もとのアナログ波形の電圧を比較して変換していきます。誤差が小さくなるまで何度も比較を行って各ビットの値を決めていくため、高速でデジタル→アナログ変換を行う必要があります。

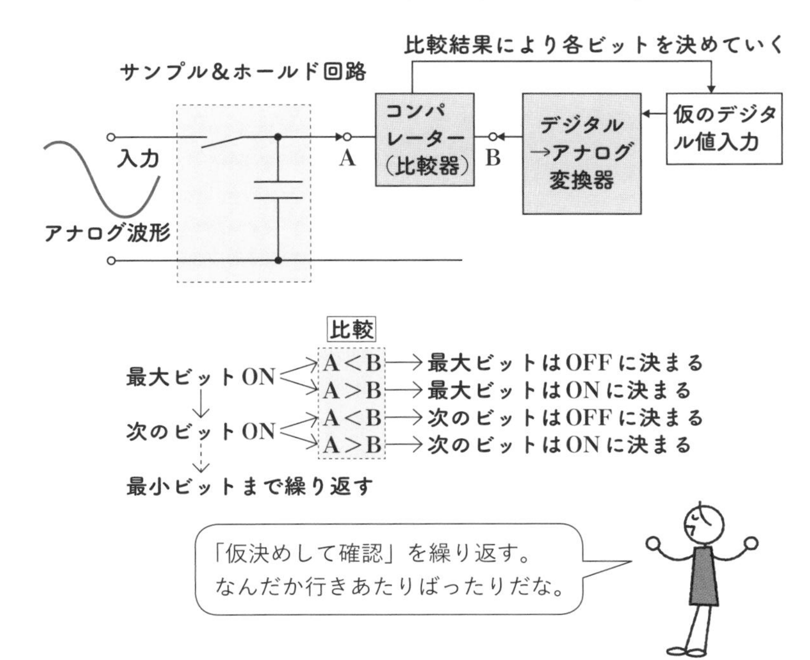

Chapter

7 電気回路の集大成—電力系統

エネルギーとしての利用の集大成は、工場や家庭の隅々まで電気を届ける電力系統です。Chapter7 では、電気を安定かつ効率的に送り届ける電力系統の概要を紹介します。

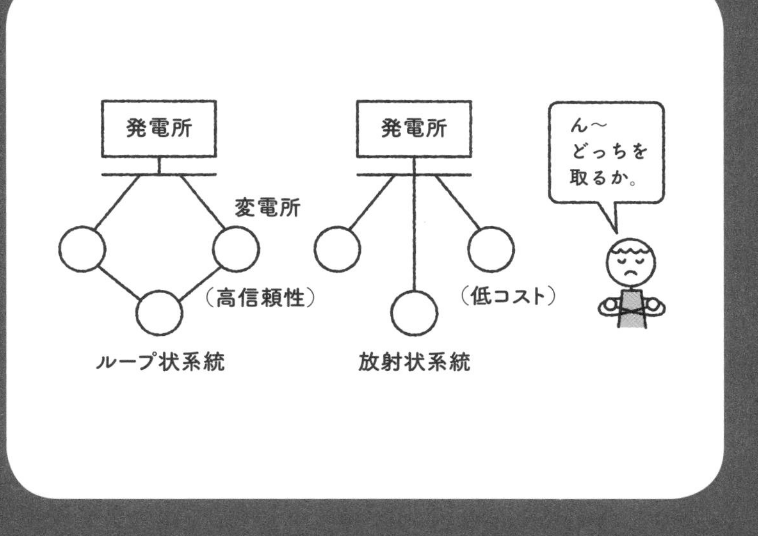

変圧器　周波数

電流戦争の勝者は？—直流か交流か

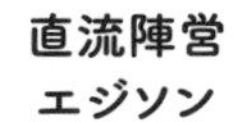

交流は人体に有害だ。

そんなわけないだろ。技術的に優れている。

じゃあ、ナイアガラ滝からバッファローへの長距離送電で勝負だ！

白熱電灯が普及し始めた1880年代前半の電力供給は、電圧110［V］の**直流**でした。しかし、交流発電機や**変圧器**が実用化される1880年代後半には、発明王エジソンが率いる直流陣営と、ニコラ・テスラやジョージ・ウェスティングハウスらの交流陣営の間で激しい確執や対立関係が発生します。この争いは「電流戦争」といわれ、随分と非科学的な行為も繰り広げられました。しかし、変圧器で簡単に電圧を変換できる交流に対し、直流110［V］では長距離・大電力の送電ができず、交流陣営の圧倒的な勝利に終わります。

その後、大電力長距離送電や海底ケーブルなどの限られた用途で**直流送電**が復活するのは、パワーエレクトロニクス技術の発展した20世紀後半になります。

我が国では、東京ではエジソン方式の直流により電気の供給が始まりましたが、ほどなくドイツ製の50[Hz]交流発電機が導入されました。一方の大阪ではアメリカ製の60[Hz]交流発電機が導入され、名古屋、京都、神戸でも60[Hz]の発電機が導入されていきます。当初は地域ごとにさまざまな**周波数**が混在していましたが、徐々に東日本は50[Hz]に、西日本は60[Hz]に統一されます。なお、東日本の50[Hz]系統は、本州—北海道間は**直流で連系**されているので、本州と北海道は同じ50[Hz]でも同期運転ではありません(㊺参照)。

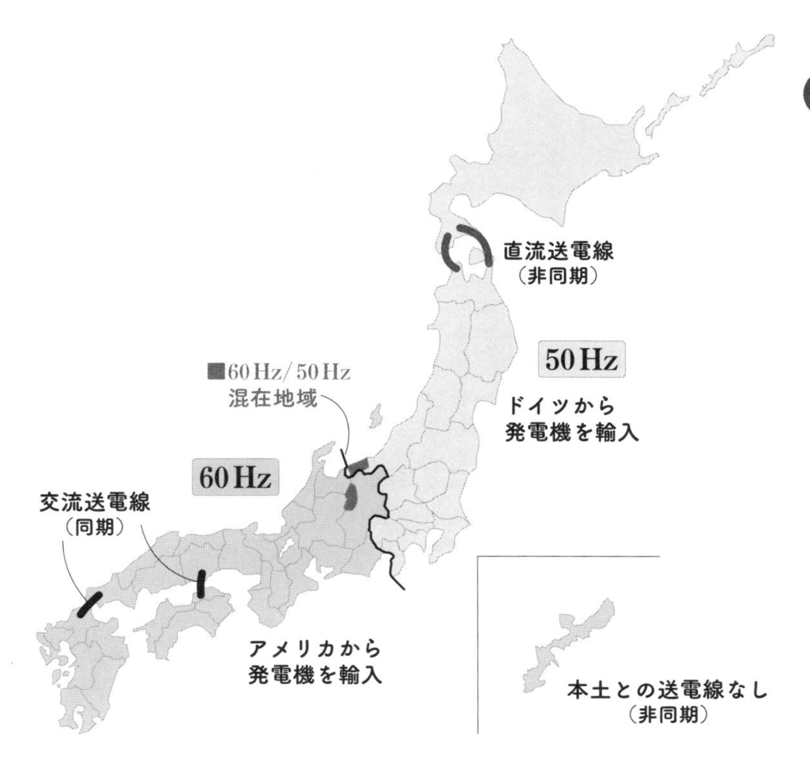

38 大動脈から毛細血管へ—送電線と配電線

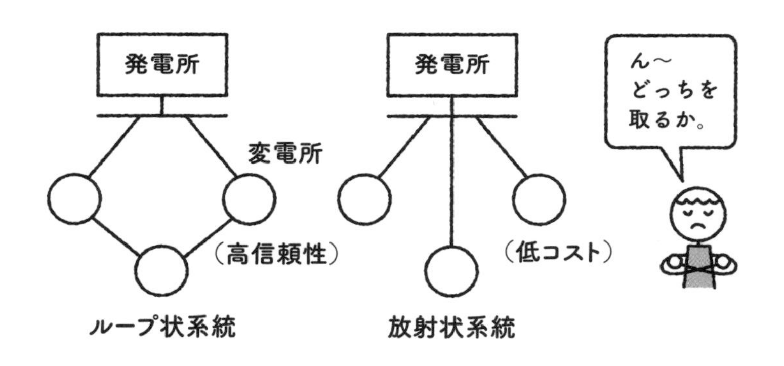

電圧を自由に変えられる交流のメリットを活かして、発電機の設計に都合の良い低い電圧で発電し、長距離送電には送電ロスの少ない高い電圧で、需要家に届く時点では扱いやすい低い電圧で、とニーズに合わせた最適な電圧を組み合わせて、電力系統を構成しています。

電力系統は、大きく分けて3つに区分できます。

配電系統

三相6.6[kV]で、主に電柱により家庭や事務所などの需要家に電気を配っています。大都市部など一部では20[kV]配電も採用されています。**配電線**から柱上変圧器で単相200/100[V]に変換し、各家庭に電気を配ります。

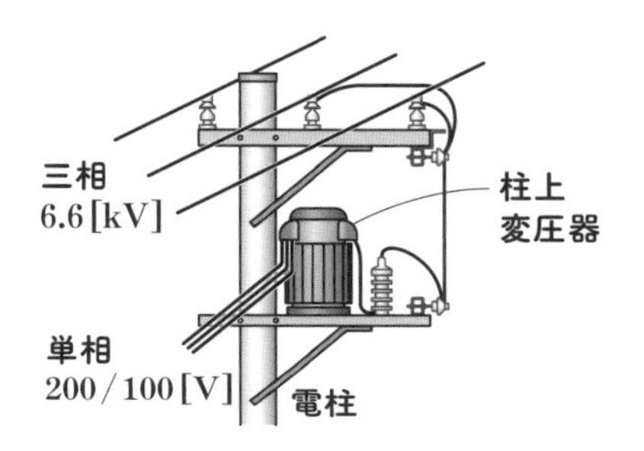

配電用変電所　6.6～20[kV]配電線(放射状系統)

特別高圧
送電線
変圧器
遮断器
柱上変圧器で
200/100[V]へ
需要家へ

(三相分を1本の線で記した単線結線図)

大都市の超高層ビルなど需要密度の極めて高い地域では、複数の配電線から同時に受電するスポットネットワーク方式が採用される場合もあります。

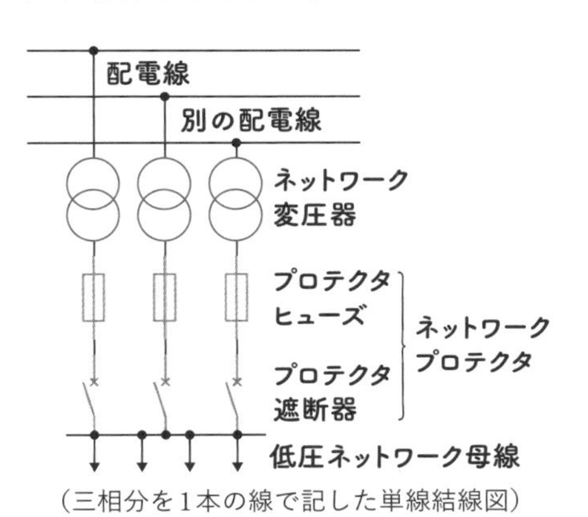

(三相分を1本の線で記した単線結線図)

ネットワークプロテクタは、低圧側から高圧側への電力の流れを検出すると、遮断器を開く

1つの配電線が止まっても、低圧側から逆充電することがないため、別の配電線から受電を継続できる

都市部や観光地などでは、景観を改善するために、ケーブルによる地中配電も増えています。

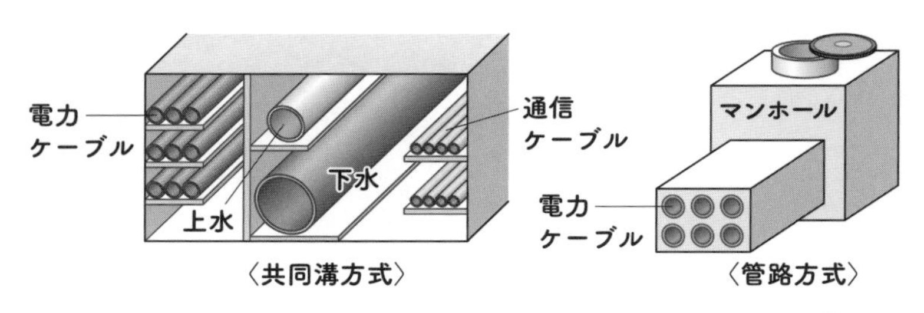

地中配電は、すごくコストが掛かるのが欠点なんだ。

特別高圧系統

三相66〜154[kV]で、主に鉄塔の**送電線**により、配電線を引き出すための配電用変電所に電気を供給しています。送電線が停止すると、変電所単位で多数の配電線が停電するため、配電線よりも信頼性を大幅に高くする必要があります。そのため、三相を2組の計6本で送電する**並行2回線送電**が広く普及しています。この方式では、片側の回線が落雷などで送電を停止しても残りの回線で送電を継続できます。また、鉄塔の最上部には**架空地線**というアース線が張られ、雷が導体に直撃するのを防ぎます。

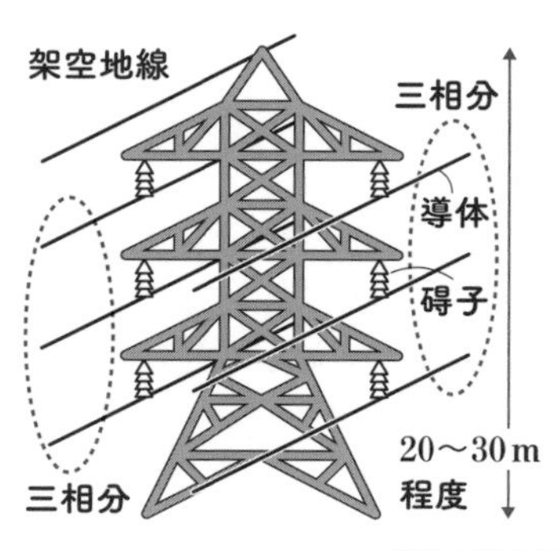

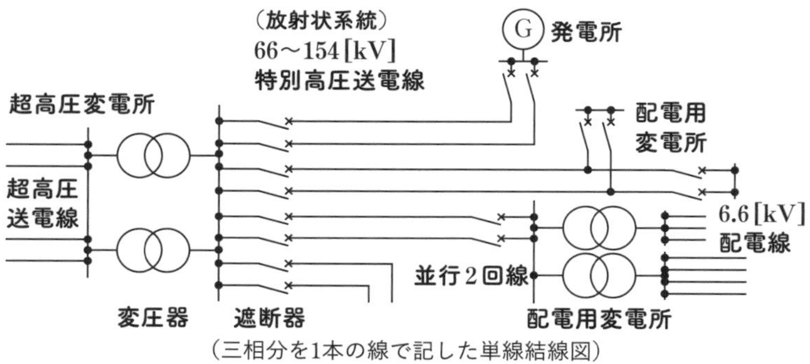

（三相分を1本の線で記した単線結線図）

都市中心部では、地下ケーブル送電線も採用されています。

超高圧系統

三相187～500［kV］で、特別高圧送電線を引き出すための超高圧変電所に電気を送り、大規模発電所からの長距離送電を担っています。特別高圧系統よりさらに高い信頼性が必要なため、並行2回線送電に加えて、複数のルートで送電する**ループ状系統**も多く採用されています。

超高圧送電線は、法令により線下に建物を建てられないこともあり、敷設には多大なコストと時間が掛かります。

大気中へのコロナ放電を防止するために導体を見かけ上太くする多導体送電線が採用されています。

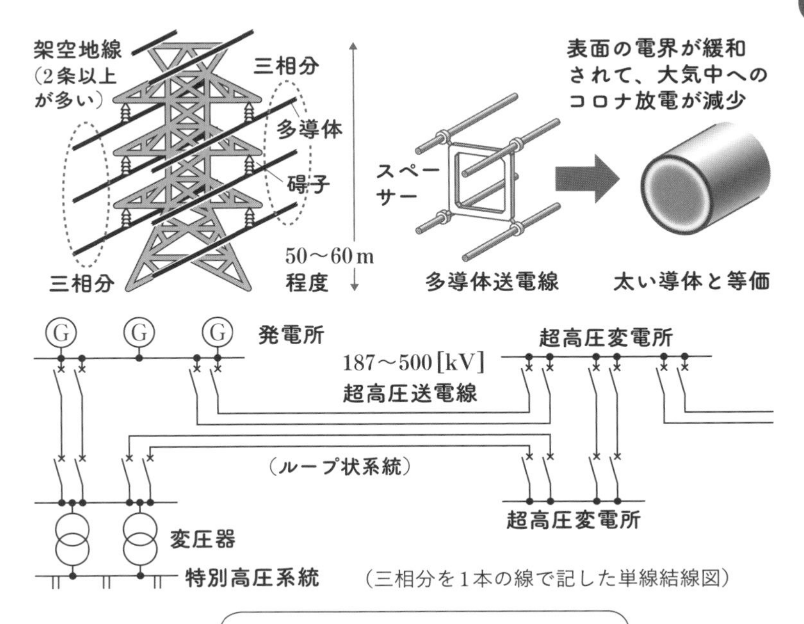

長距離大電力送電を担う大動脈！
高速道路か新幹線といった感じだね。

地絡故障　地絡電流　誘導障害

地絡故障時の特性を決める―中性点接地方式

三相交流では、平常時は三相が平衡して中性点はゼロ電位となり、接地してもしなくても同じです。しかし、**1線地絡故障**時には三相平衡状態が崩れるため、中性点の接地方式によっ

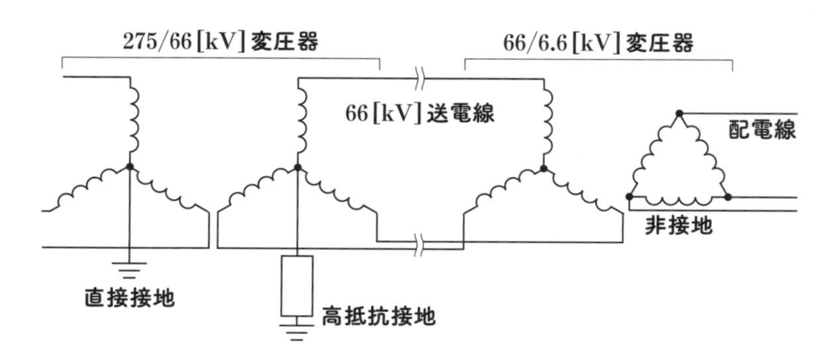

て電圧や電流が大きく異なってきます。現在適用されている中性点接地方式は、主に次の3つです。

直接接地方式

変圧器はY結線(㉑ 参照)とし、中性点を直接接地します。1線地絡故障発生時には、大きな**故障電流**が流れます。故障中の健全相の電圧は平常時からほとんど変化しません。故障中は著しい不平衡となり、周辺の通信線に強い**誘導障害**を発生させます。187[kV]以上の超高圧系統で採用されています。

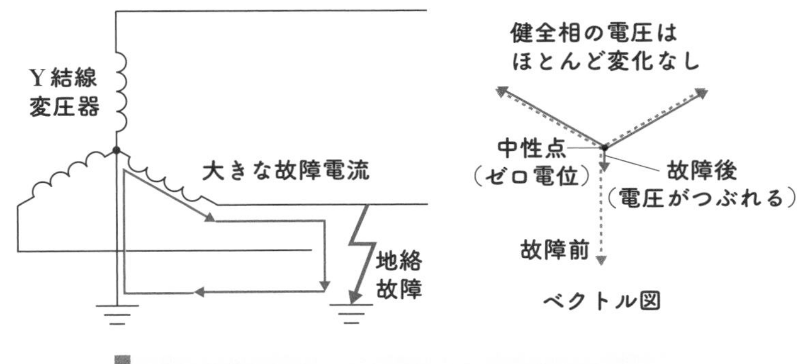

メリット：

- 地絡故障時の健全相電圧上昇がなく、絶縁コストが抑えられる
- 故障検出が確実で、故障除去が速やか

高抵抗接地方式

変圧器はY結線とし、1線地絡時の**故障電流**が200〜400[A]程度となる抵抗を介して中性点を接地します。一定の故障電流が流れるため故障検出は確実ですが、故障中の**健全相の電圧**は平常時の約$\sqrt{3}$倍に**上昇**します。66〜154[kV]の特別高圧系統で広く採用されています。

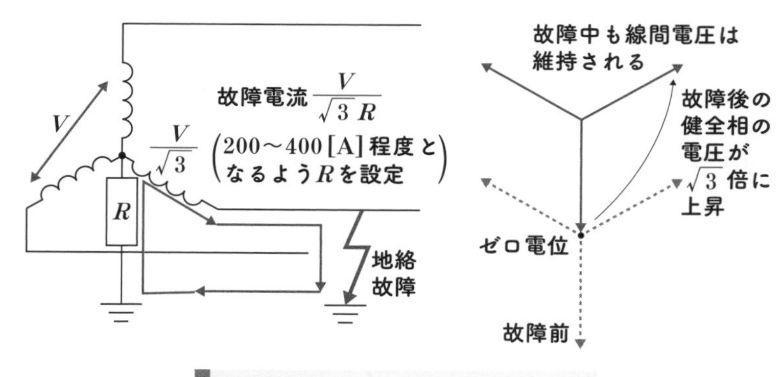

> **メリット：**
> - 故障検出が確実
> - 通信線への誘導障害が限定的

非接地方式

中性点を接地しません。1線地絡時の**故障電流**が小さいため、故障検出は確実とはいえませんが、通信線への**誘導障害は軽微**です。故障中の健全相の電圧は平常時の約 $\sqrt{3}$ 倍に上昇します。配電系統で広く採用されています。

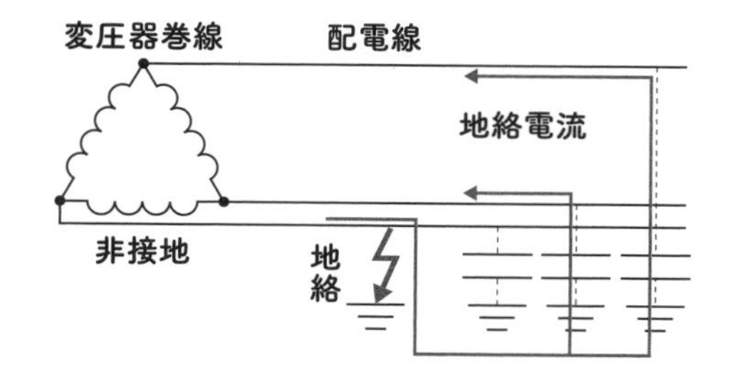

健全相の対地静電容量を通じて、不安定な地絡電流が流れる（故障検出は、確実ではない）

> **メリット：**
> - 設備が簡素
> - 通信線への誘導障害が軽微

コラム｜7

単位に名を残した偉人たち（その2）

ブレーズ・パスカル（1623〜1662年：フランス）
圧力の単位パスカル[Pa]：流体に関する研究のほか、数学や哲学に業績を残した。「人間は考える葦である」の言葉が有名。

シャルル＝オーギュスタン・ド・クーロン（1736〜1806年：フランス）
電荷の単位クーロン[C]：電荷を帯びた物体の間に働く力を測定し、力学と電磁気学の発展に貢献

マイケル・ファラデー（1791〜1867年：イギリス）
静電容量の単位ファラド[F]：電流の周りの磁場を研究し、電磁気学の基礎を確立、電気化学の分野でも活躍

ジョセフ・ヘンリー（1797〜1878年：アメリカ）
インダクタンスの単位ヘンリー[H]：電磁石の研究により電磁誘導をファラデーより先に発見したが、発表はファラデーに遅れた

ニコラ・テスラ（1856〜1943年：セルビア（旧オーストリア帝国））
磁束密度の単位テスラ[T]：交流に関する変圧や発電の技術を確立し、エジソンとの電流戦争に勝利

ハインリッヒ・ヘルツ（1857〜1894年：ドイツ）
周波数の単位ヘルツ[Hz]：電磁波の存在を確認し、電磁波の発信や受信の実験を通じて後年の無線通信の発明に貢献

40 電圧階級をまたいで自在に計算できる ―%インピーダンス法

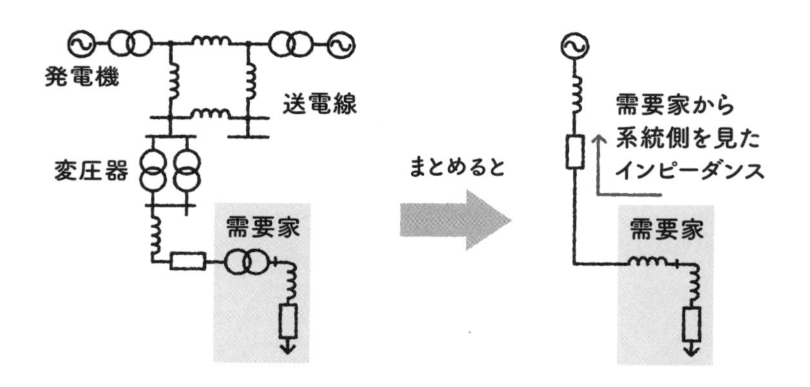

変圧器によって複数の電圧階級がつながった交流系統は、計算に手間が掛かります。そのため、電圧を変換しても変化しない**電力を基準**として、さまざまな値を相対的に決めていく**%インピーダンス法**（**単位法**ともいいます）が広く使われています。%インピーダンス法では、電力、電圧、電流、インピーダンスそれぞれについて基準となる値を100［%］あるいは1.0［pu］（パーユニット）と置いて、**基準に対する相対的な倍率**で値を表します。

基準の決め方

まず始めに、計算対象となる電力系統の全体に適用される**基準電力**を1つ設定します。10［MV·A］（メガボルトアンペア）を

1.0[pu]と置くのが一般的ですが、大規模系統なら1,000[MV·A]を1.0[pu]と置くなど自由に決めてかまいません。

次に電圧階級ごとに公称電圧を1.0[pu]と置いたうえで、公称電圧の下で基準電力を消費する電流とインピーダンスをそれぞれ1.0[pu](または100[%])と置きます。

10[MV·A]を基準電力を1.0[pu]と置いて、公称電圧66[kV]系統の基準電流と基準インピーダンスを求めてみましょう。

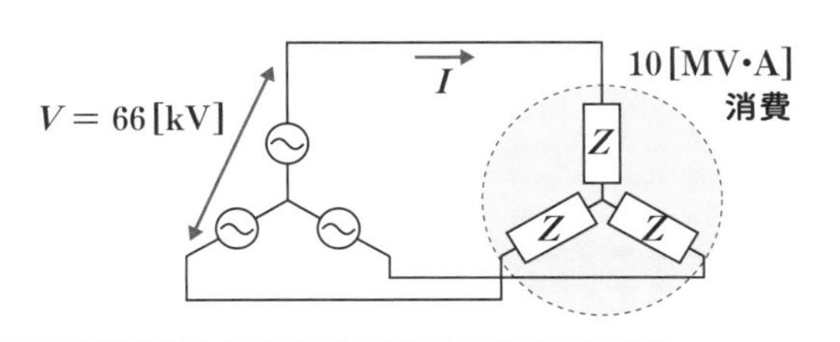

とっつきにくい%インピーダンス法だけど、
順を追って理解していけば、決して難しくないよ。

- $V = 66$[kV]で基準電力$P = 10$[MV·A]を消費する電流Iは、

  $P = \sqrt{3}\,VI$より、

$$I = \frac{P}{\sqrt{3}\,V} = \frac{10 \times 10^6}{\sqrt{3} \times 66 \times 10^3} = 87.48[\mathrm{A}]$$

  つまり10[MV·A]基準、66[kV]系統における基準電流

  1[pu]= 87.48[A]

- $V = 66$[kV]で87.48[A]が流れるインピーダンスZは、

  $\dfrac{V}{\sqrt{3}} = IZ$より、

$$Z = \frac{V}{\sqrt{3}\,I} = \frac{66 \times 10^3}{\sqrt{3} \times 87.48} = 435.6[\Omega]$$

  つまり10[MV·A]基準、66[kV]系統における基準インピーダンス

  1[pu]= 435.6[Ω]

同様の求め方で、基準電力10[MV·A]における電圧階級ごとの基準電流と基準インピーダンスは、以下のようになります。

公称電圧	基準電流1.0[pu]	基準インピーダンス1.0[pu]
500[kV]	11.55[A]	25,000[Ω]
275[kV]	20.99[A]	7,563[Ω]
154[kV]	37.49[A]	2,372[Ω]
66[kV]	87.48[A]	435.6[Ω]
20[kV]	288.7[A]	40.0[Ω]
6.6[kV]	874.8[A]	4.36[Ω]

基準電力の変換と自己容量ベース

基準電力をn倍にすると、基準電流はn倍、基準インピーダンスは$\frac{1}{n}$倍になります。

発電機や変圧器では、メーカーから提示されるのは、各機器の定格容量を基準電力とした場合の%インピーダンスです。この表現を**自己容量ベース**と呼んでいます。系統全体の計算に組み込む際には、インピーダンスを自己容量ベースから系統の基準電力ベースに変換します。

66[kV]系統	基準電流1.0[pu]	基準インピーダンス1.0[pu]
20[MV·A]ベース	174.95[A]	217.8[Ω]
10[MV·A]ベース	($\frac{1}{2}$倍↓) 87.48[A]	(2倍↓) 435.6[Ω]

実際の計算

154[kV]系統において、実際の電圧が161.7[kV]の場合に、50[MW]の負荷を接続すると、以下のようになります。

154[kV]系統において、

電圧が161.7[kV] $\Longrightarrow$ $\dfrac{161.7}{154}$ = 電圧1.05[pu]

10[MV·A]ベースにおいて、

負荷電力が50[MW] $\Longrightarrow$ $\frac{50}{10}$ = 電力5.0[pu]
（無効電力は0[MV·A]）

電圧161.7[kV]で50[MW]の負荷に流れる電流

$\Longrightarrow$ $\frac{5.0}{1.05}$ = 電流4.76[pu]

上記電流を実アンペアで表すと $\Longrightarrow$ $4.76 \times 37.49 = 178$[A]
（37.49：154kV系統の基準電流）

上記負荷のインピーダンスは $\Longrightarrow$ $\frac{(電圧)\ 1.05}{(電流)\ 4.76} = 0.22$[pu]

実オームで表すと（Y結線）$\Longrightarrow$ $0.22 \times 2,372 = 522$[Ω]
（2,372：154kV系統の基準インピーダンス）

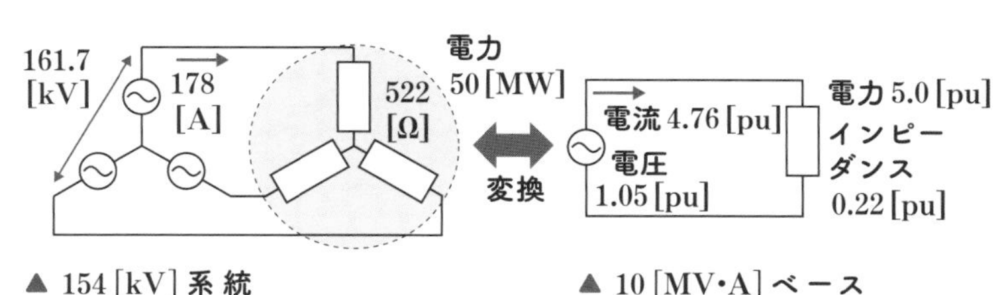

▲ 154[kV]系統　　▲ 10[MV·A]ベース

実際の電力系統では、送配電網の**インピーダンスマップ**をあらかじめ作成しておき、あらゆる地点の電圧や電流をすばやく計算できるようにしています。

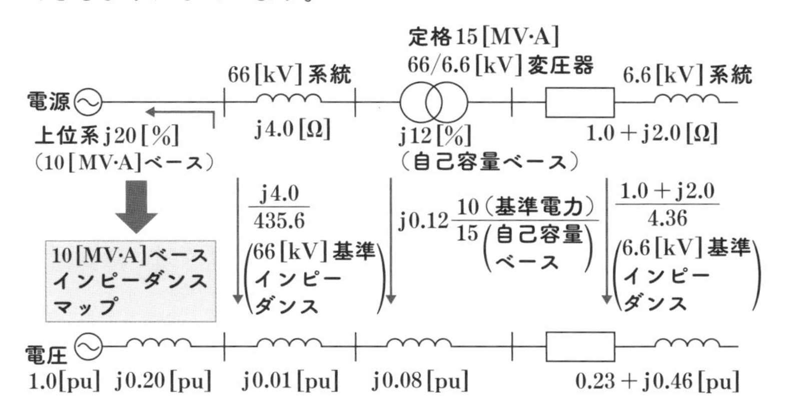

アーク放電　故障除去　後備保護

41 あらゆるケースを想定して対処—電力系統の保護

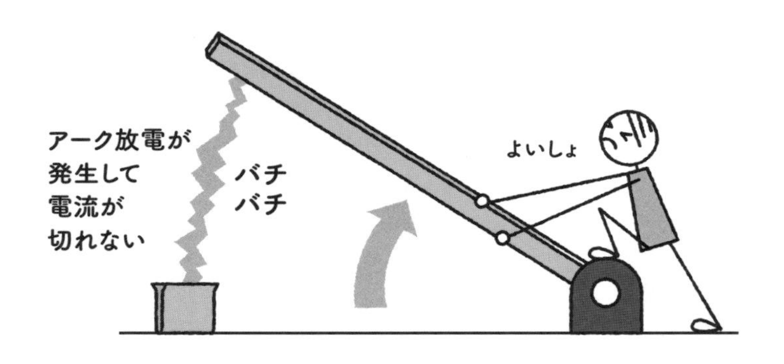

電力系統で短絡や地絡故障により空気中の絶縁が破れて**アーク放電**が発生してしまうと、高熱で空気が電離して電気の通り道となるプラズマが発生し、アーク放電が継続してしまいます。この大電流を放置すると、機器が焼損するなど電力系統が広範囲に致命的なダメージを負ってしまいます。

そこで、故障を一刻も早く検出し、故障区間の送電線や機器を系統から切り離して、アーク放電を消滅させる必要があります。故障を検出する**保護リレー**と、機器を系統から切り離す**遮断器**について見てみましょう。

遮断器の仕組み

電圧の高い電力系統では、大気中で接点を開くだけではアーク放電が発生して電流を切ることができません。そこで真空中で接点を開いて発生したアークを拡散させる「真空遮断器」や、アークを強力に吸着する性質を持つSF_6(六フッ化硫黄)ガス中で接点を開く「ガス遮断器」が必要になります。真空遮断器が広く普及していますが、高電圧・大電流の用途には、より高性能なガス遮断器が適用されています。

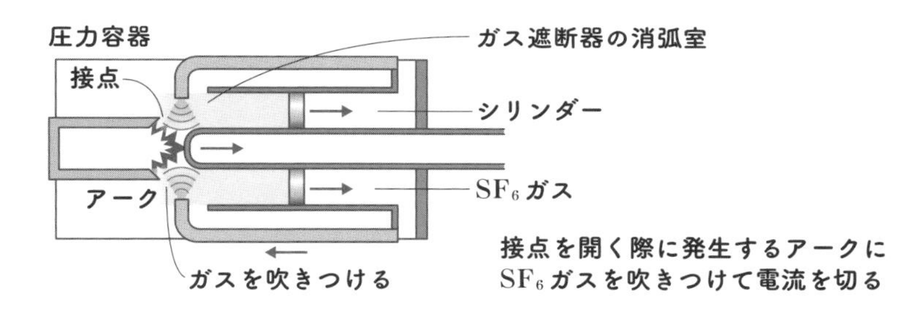

故障除去の考え方

電力系統の保護においては「無保護区間をつくらない」のが大前提です。そのうえで、最小限の範囲を最短の時間で**故障除去**するのが基本です。また、保護リレーや遮断器の誤不動作により故障除去できなかった場合に、より広範囲の系統を切り離す**後備保護**を、極力備えるようにしています。

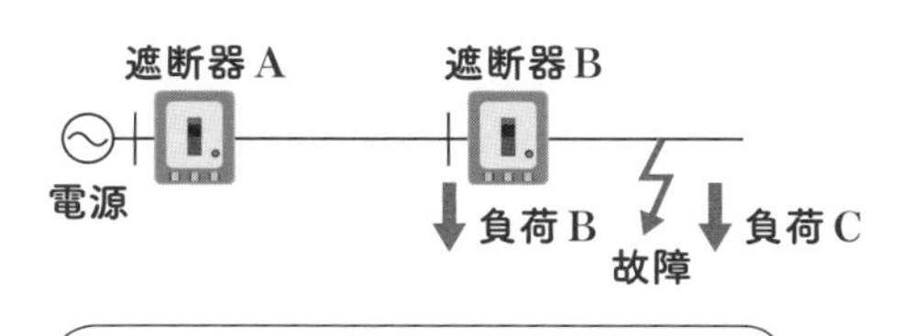

主保護と後備保護を上手く組み合わせることを「保護協調」というよ。実際の系統ではとても難しいんだ。

⑴ 故障が発生すると、遮断器Bを開いて故障除去

負荷Cのみ停電

⑵ 遮断器Bが遮断に失敗し故障継続すると、
後備保護により遮断器Aが開いて故障除去

負荷Bと負荷Cが停電

保護リレーの種類

故障検出にはさまざまな方法があり、需要家構内設備や配電線、超高圧系統など、対象に応じて最適な方法を選定します。保護リレーは、計器用変成器を通じて系統の電圧や電流を取り込んで、電気計測の原理で故障を判定します。いくつかの代表的な保護リレーについて、その仕組みを見てみましょう。

（1）過電流リレー

整定値を超える電流を検出したら遮断信号を出します。大きな電流を検出すれば素早く、整定値に近い電流であればゆっくりと遮断信号を出す**限時特性**を持たせることで、後備保護の機能も兼ねることができます。シンプルで安価なため、主に需要家構内設備や配電線の保護に適用されます。

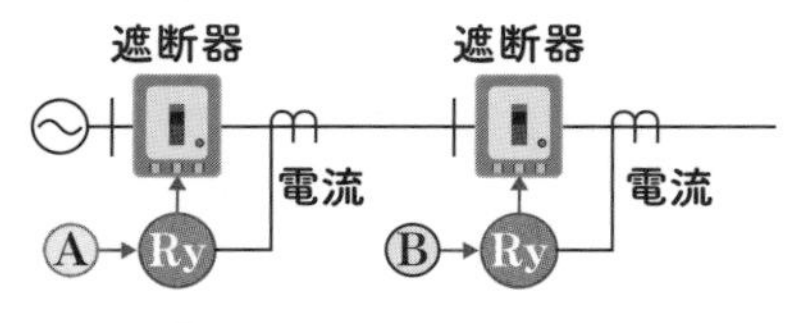

リレーⒶは電流の小さな遠くの故障では遮断に時間が掛かるため、先にリレーⒷが動作する。Ⓑが遮断失敗した後にⒶが動作する

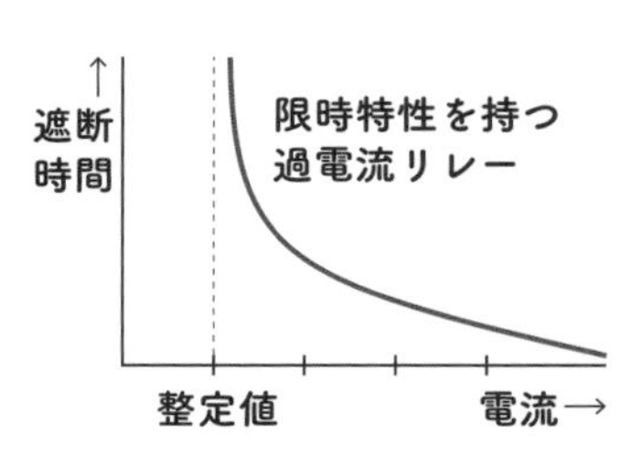

(2) 距離リレー

故障時の電圧/電流を計算し、故障点までのインピーダンス(電気的距離)を求めます。故障点が近いと判断すれば、直ちに遮断、故障点から遠いと判断すれば、後備保護として一定時間後に遮断します。主に特別高圧系統に適用されています。

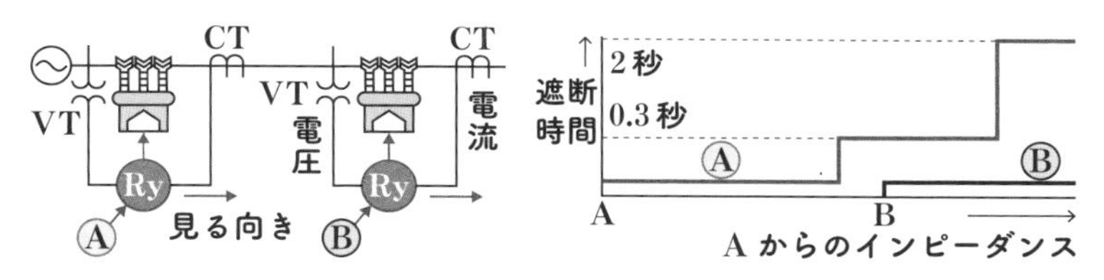

リレーⒶは、リレーⒷより遠方の故障ではⒷの後備保護として Ⓑの動作より遅く、一定時間(0.3秒)後に遮断する

(3) 電流差動リレー

送電線の両端で測定した電流波形を通信回線でやり取りし、故障が保護区間内に発生したかどうかを正確に判断可能です。高速の通信回線が必要でコストが高いため、高い信頼性が必要な超高圧系統などに適用されています。

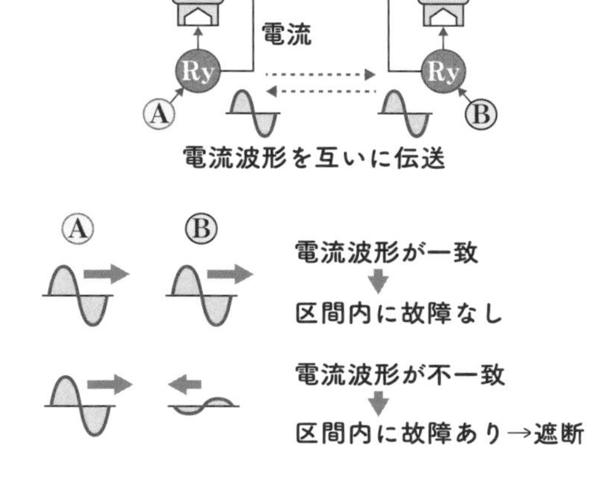

42 電気の品質を決める重要ポイント—周波数の維持

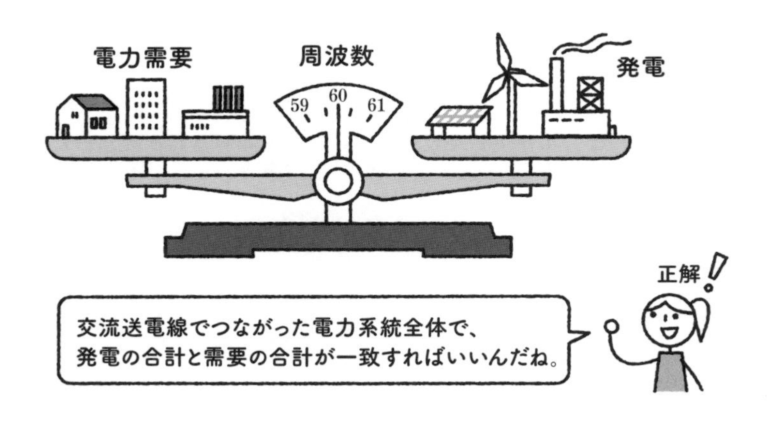

電力供給の品質とは、電圧と周波数が一定に維持されることです。周波数は発電機の回転によってつくられるため、周波数が一定とは発電機の回転数が一定であることを意味します。

周波数を維持するには、発電と需要のバランスが常に一致することが必要です。そのための長い時間軸における**需給計画**と、短い時間軸における**周波数調整**、それぞれについて説明します。

需給計画と経済負荷配分

発電と需要を一致させるには、変化する需要に対して、発電側を調整していくことが基本になります。

発電機には、

- 出力の調整が可能／不可能
- 迅速な起動停止が可能／不可能

などさまざまな特性があり、特性の異なる複数の発電機を1日の需要の変化にあてはめて、**需給計画**を策定していきます。その際、出力調整が可能な電源を調整することにより、

- 需要が多い時間帯に、不安定な電源の出力が下振れた場合でも、需要をまかなえる
- 需要が少ない時間帯に、不安定な電源の出力が上振れた場合でも、発電が余剰にならない

という条件を常に満たす必要があります。

そのうえで、発電効率や燃料の種類が異なる複数の火力発電や出力調整の可能な水力発電について、火力燃料費の合計が最小になるように組み合わせる**経済負荷配分**も重要です。

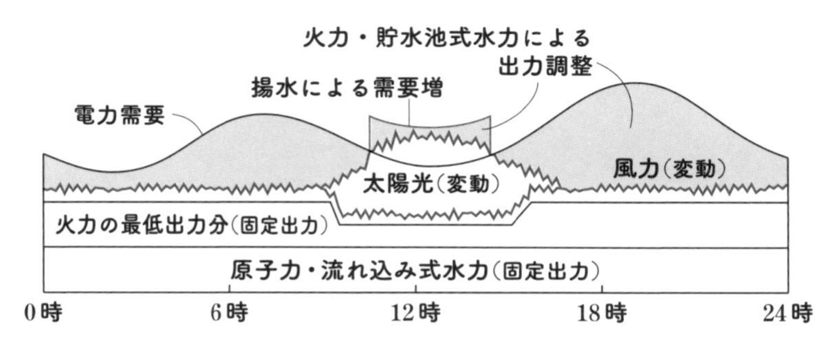

季節ごと・時間ごとの電力需要の変化に応じて過不足なく発電を調整していくためには、発電機の定期点検やトラブル停止を考慮したうえで、稼働可能な発電機をあらかじめ十分に確保しておく必要があります。電力の安定供給には、数年以上を要する発電所の建設も含めた長期的な準備が必要です。

慣性力と周波数調整

タービンと発電機は大きな質量を持った回転体で、高速回転による回転エネルギーを大量に蓄えています。

発電と需要が一致している状態では、発電機から出力される電力のエネルギーと発電機に入力される動力のエネルギーが一致しています。この一致が崩れ「動力＞電力」となると、エネルギーの行き先は回転子の回転エネルギーとなり、回転数が上昇します。発電機の運転台数が多く慣性モーメント（㊻参照）が大きいと、回転数の変化が緩やかになり、周波数が安定します。

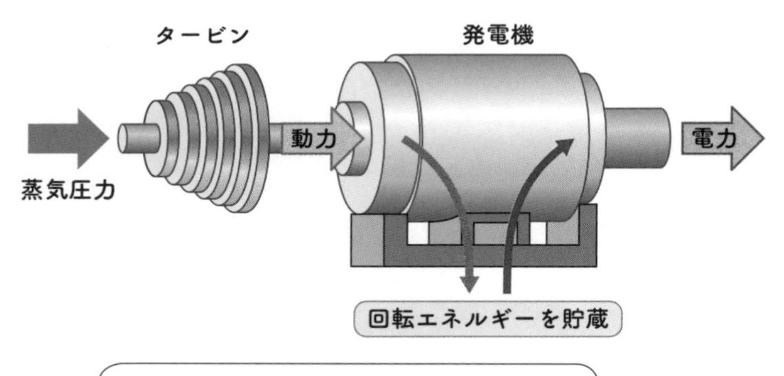

動力＜電力となると、回転エネルギーを放出して（周波数が低下して）電力を維持するんだ。まさにフライホイールだね。

発電機は周波数（回転数）が低いと蒸気や水の入力を増やして周波数を回復させ、周波数が高いと蒸気や水の入力を減らして周波数を下げる自動制御機能を備えています。これを**調速機**、あるいはガバナーといい、発電機出力の変化率に対する周波数の変化率を**速度調定率**といいます。

また、電力需要は全体として周波数が下がると需要が減少する特性を持っています。電力系統の周波数は、発電機の周波数特性と需要の周波数特性の交点に落ち着き、周波数を維持することができます。

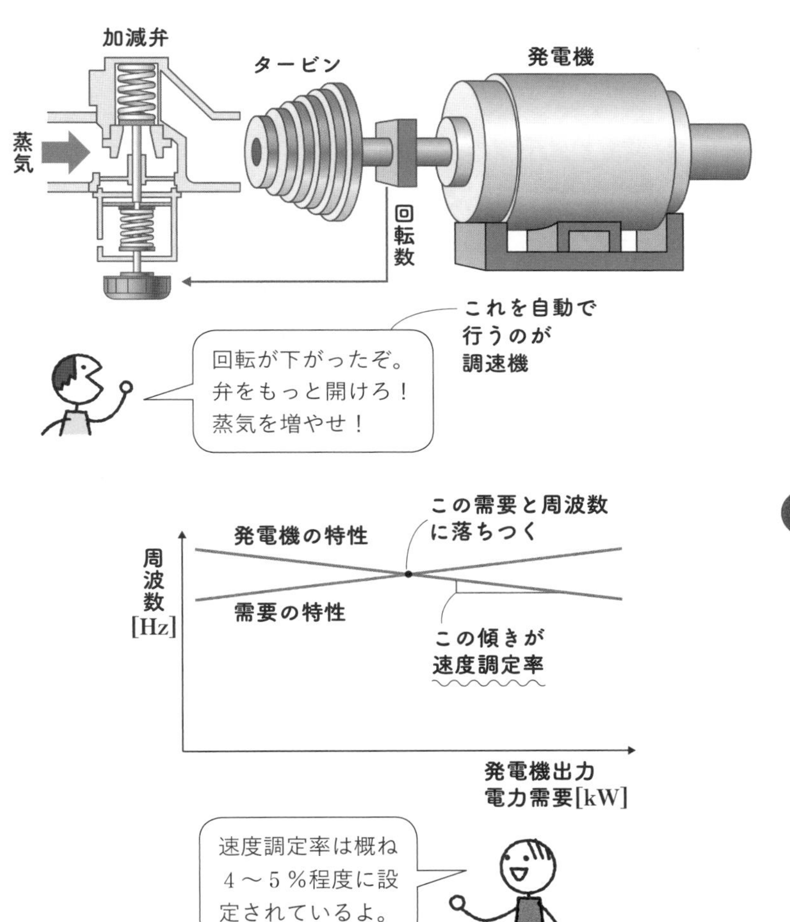

発電が需要を下回る状況が続くと周波数が下がりますが、本来より低い周波数では発電機が運転継続できないため、保護リレー（㊶参照）により発電機が次々と切り離されていきます。そうなると周波数はさらに低下し、系統全体が停電する「ブラックアウト」に至ります。ブラックアウトを回避するためには、需要の一部を強制的に切り離して発電と需要のバランスを維持する「負荷遮断」が必要になります。

43 交流にも意外な弱点がある—交流送電線の送電能力

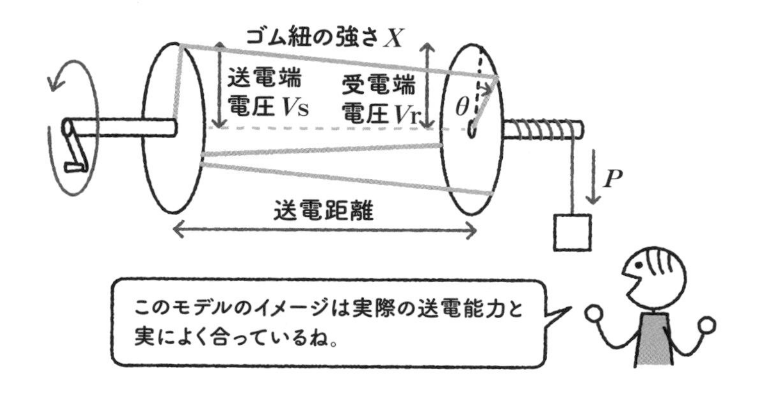

変圧器で電圧を変換し、大電力を少ないロスで長距離送電可能な交流送電ですが、直流にはない弱点もあります。それは位相差による送電限界、**同期安定性**とも呼ばれています。

交流送電線の送電能力

両端の電圧が一定に維持された送電線に流れる有効電力Pは、両端の電圧の大きさをV_s、V_r、位相差をθ、線路のリアクタンス（⑱参照）をjX（抵抗成分は無視）とすると、$P=\frac{V_s V_r}{X}\sin\theta$となります。この$\theta$と$P$の関係が**電力相差角曲線**です。

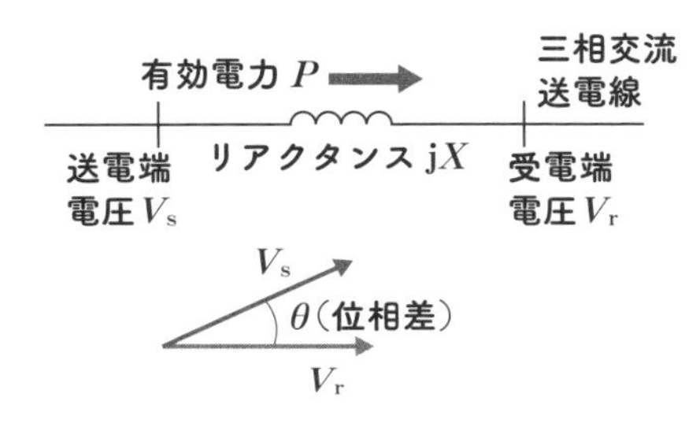

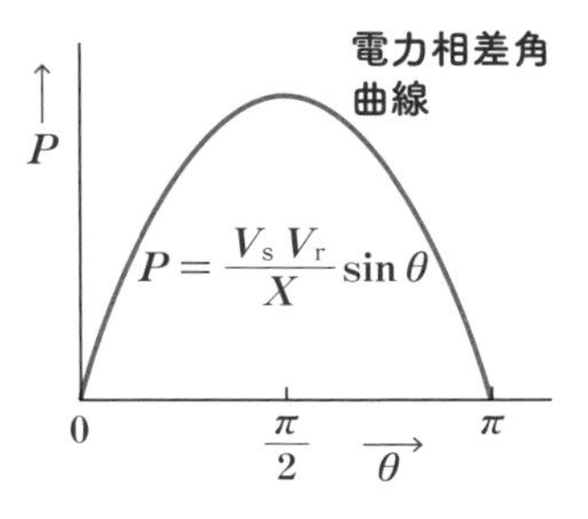

送電能力の向上策

電力相差角曲線から、交流送電線の送電能力は、両端の位相差が$\dfrac{\pi}{2}$のときの最大値$\dfrac{V_s V_r}{X}$となります。しかし、位相差が$\dfrac{\pi}{2}$に近い限界付近では、わずかの電力の変動で位相差が大きく変動して同期発電機が安定運転できないため、実用上の送電能力は大幅に小さくなります。

交流送電線の送電能力は、冒頭のモデルでイメージできます。巻き上げる能力の限界を超えると、ゴム紐が絡まって送電不能になります。この状態を**脱調**といい、脱調した送電線を一刻も早く系統から切り離す必要があります。

モデルからわかるように、送電能力を上げるには、

- ゴム紐を太く（送電線インピーダンスを小さく）
- ゴム紐を多く（送電線回線数を増やす）
- 円盤を大きく（電圧を上げる）
- 円盤を中間部に追加（送電線を分割して中間で電圧維持）

などの対策があります。

これらの対策には送電鉄塔の建て替えなど多大なコストと工期が必要で、交流送電線の同期安定性を向上させるのは容易ではありません。

コラム | 8

電力相差角曲線 $P=\dfrac{V_s V_r}{X}\sin\theta$ を導いてみよう

交流送電線の送電端電圧を$\dot{V}_s$、受電端電圧を$\dot{V}_r$と置くと、オームの法則により送電線を流れる電流は$\dot{I}=\dfrac{\dot{V}_s-\dot{V}_r}{\dot{Z}}$となります。この式を複素数で表し、受電端に届く電力$P+\mathrm{j}Q=\dot{V}_r\overline{\dot{I}}$を求めます(⑲参照)。この際、受電端電圧$\dot{V}_r$を基準位相(位相角0)に置くと計算が楽になります。

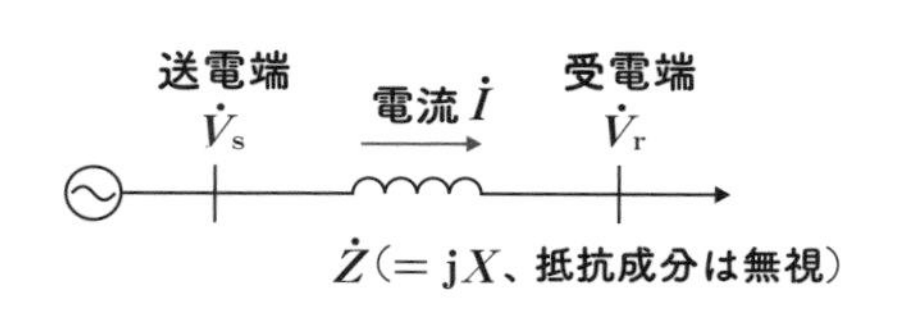

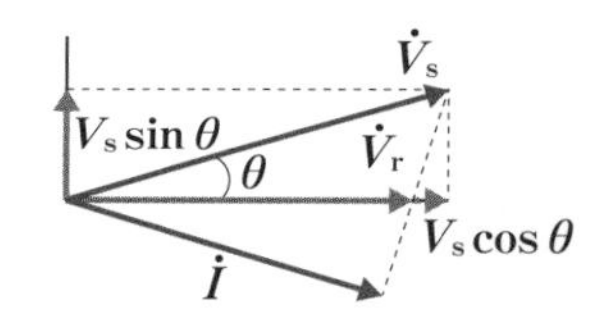

$\dot{V}_r$に対し$\dot{V}_s$の位相がθの場合、

$$
\begin{cases}
\dot{V}_s=V_s\cos\theta+\mathrm{j}\,V_s\sin\theta \\
\dot{V}_r=V_r \\
\dot{Z}=\mathrm{j}X
\end{cases}
$$

なので、$\dot{I}=\dfrac{\dot{V}_s-\dot{V}_r}{\dot{Z}}=\dfrac{V_s\cos\theta+\mathrm{j}\,V_s\sin\theta-V_r}{\mathrm{j}X}$

$$=\frac{V_s\sin\theta}{X}+\frac{\mathrm{j}(V_r-V_s\cos\theta)}{X}$$

$$P+\mathrm{j}\theta=\dot{V}_r\overline{\dot{I}}=V_r\left(\frac{V_s\sin\theta}{X}-\frac{\mathrm{j}(V_r-V_s\cos\theta)}{X}\right)$$

より、$P=\dfrac{V_s V_r}{X}\sin\theta$、$Q=\dfrac{V_s V_r\cos\theta-V_r^2}{X}$

となり、電力相差角曲線が求まります。

無効電力　界磁磁束　変圧器タップ

44 電気の品質のもう1つの要—電圧調整の仕組み

	周波数	電圧
調整対象	交流送電線でつながった電力系統全体での発電と需要の合計を一致させる（系統内のどの発電機出力を調整しても効果は同じ）	変電所ごと送電線ごとに目標範囲に収まるよう、個別に調整（ある地点の電圧を調整しても離れた地点には、ほとんど影響しない）
調整手段	有効電力Pを調整（燃料などエネルギーが必要）	無効電力Qや変圧器巻線比を調整（エネルギーは不要だが、調整機器の設置が必要）

電気の品質が良いとは、周波数と電圧が安定していることです。しかし、この2つはまったく逆の性質を持っています。周波数は、交流系統全体の発電と需要の合計が釣り合っていることで一定に保たれますが、一方の電圧は、各送電線や配電線ごとに許容値に収まるよう、個別に調整する必要があります。ある地点の電圧を調整しても、離れた地点にはほとんど影響しません。

電圧調整の方法は、主に以下の2つに分類できます。

- 電源電圧を調整する方法（発電機による電圧調整や変圧器タップによる電圧調整が該当）
- インピーダンスによる電圧降下を調整する方法（無効電力による電圧調整が該当）

無効電力による電圧調整

インピーダンス$R+\mathrm{j}X$[pu]の送電線における電圧降下$\varDelta v$は、

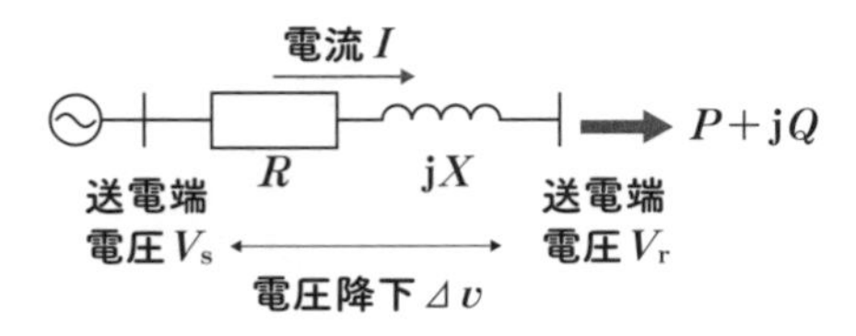

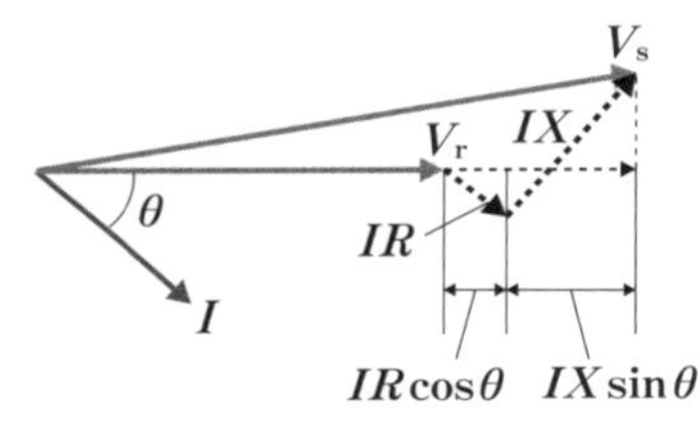

$$\varDelta v = IR\cos\theta + IX\sin\theta = \frac{PR+QX}{V_\mathrm{r}}$$

$V_\mathrm{r} \fallingdotseq 1$[pu]なので、$\boldsymbol{\varDelta v \fallingdotseq PR+QX}$

となります。つまり送電線には、

① 有効電力P×送電線の抵抗成分R

② 無効電力Q×送電線のリアクタンス成分X(⑱参照)

を合計した電圧降下が生じます。送電線は抵抗よりリアクタンスが大きいため、電圧は主に**無効電力**の流れによって変動します。そこで、無効電力を消費するリアクトルや、無効電力を供給するコンデンサーを入り切りして電圧を調整します。

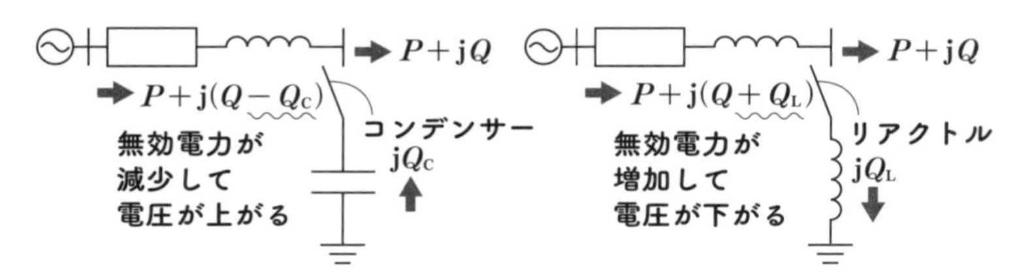

リアクトルとはコイルの別名だよ。このような目的のコンデンサーやリアクトルを「調相設備」というんだ。

発電機による電圧調整

同期発電機の固定子側主巻線に発生する電圧は、回転子の励磁電流が作る界磁磁束の強さにより調整可能です(⑦参照)。この性質を利用して、発電機の端子電圧を一定に保つだけでなく、系統全体の電圧が低めのときには端子電圧をさらに上げるような、積極的な調整も行っています。

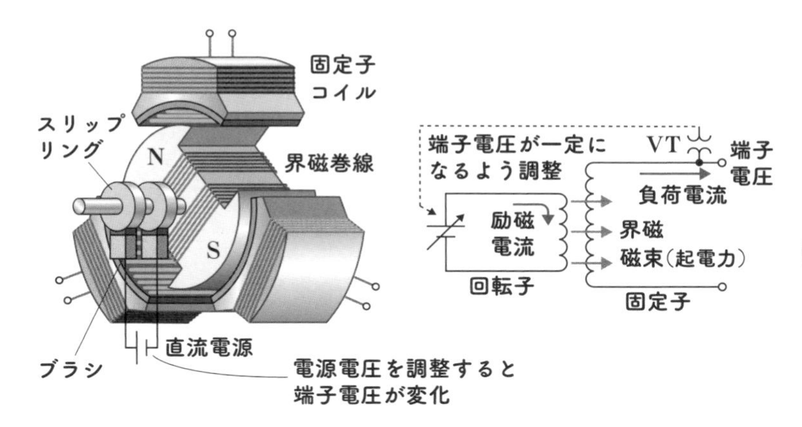

変圧器タップによる電圧調整

変電所の変圧器の多くは、運転中に電圧を調整できる負荷時タップ切替装置(LTC)を備えています。LTCにより電圧を調整する電圧調整器は、電圧の目標値に対する偏差が大きいと、短時間でタップが切り替わるような特性を持っています。

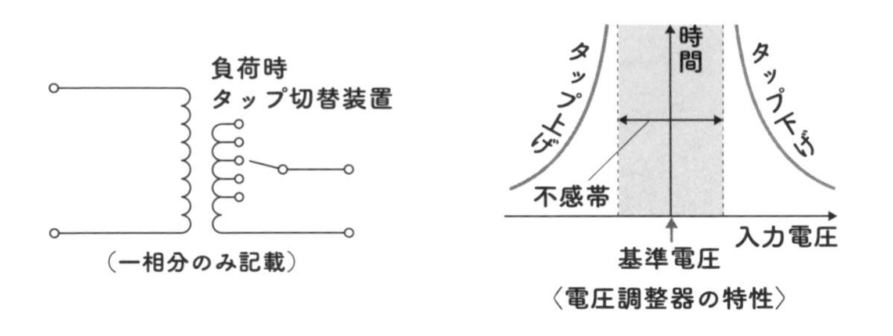

〈電圧調整器の特性〉

配電系統の電圧調整

配電線の6.6[kV]から200/100[V]に降圧する柱上変圧器には、運転中に電圧を調整するタップ切替装置がありません。そこで、柱上変圧器の巻線比は、末端に向かって低下する配電線の電圧を補正するように設定します。また、需要が多く電圧低下が大きくなる時間帯には配電線の送出電圧が高めになるよう、配電用変圧器のタップを調整します。

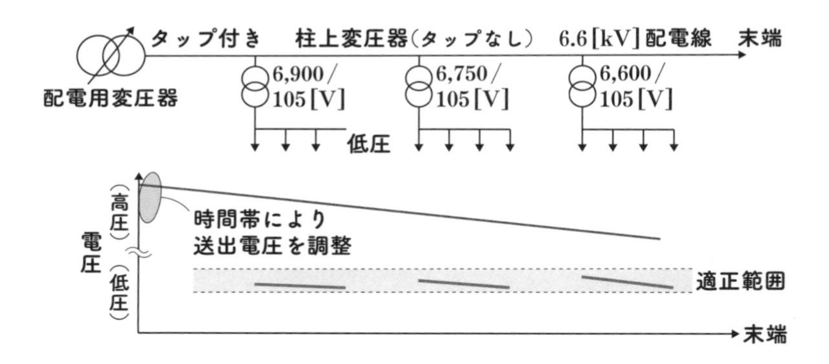

電力需要の少ない過疎地では配電線が長距離になり、末端の電圧変動が大きいため、途中に単巻変圧器である自動電圧調整器(SVR)を設置して電圧変動を抑制します。

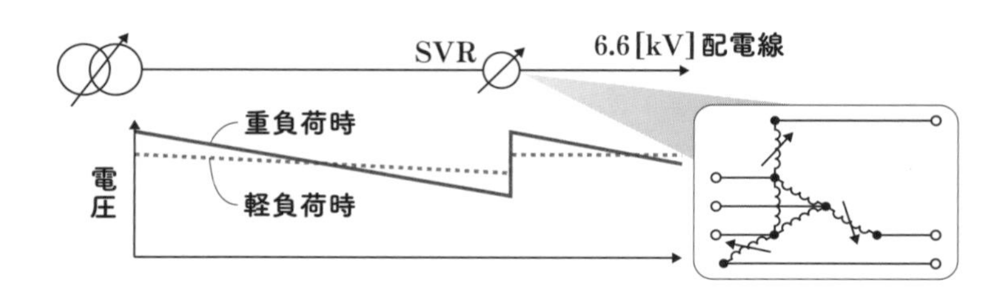

充放電電流　同期安定性　交直変換器

45 現代の技術で復権し、交流の弱点を補う—直流送電

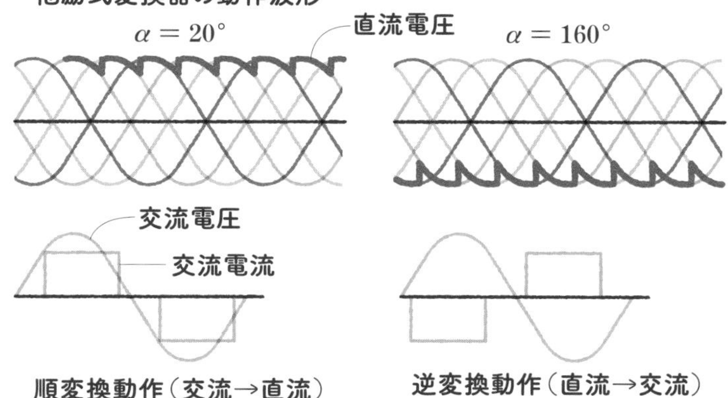

エジソンが始めた直流による電力供給は、電流戦争（㊲参照）に敗れ、交流に主役の座を完全に奪われます。しかし、交流送電にも以下のような弱点があります。

- 電圧の実効値に対して $\sqrt{2}$ 倍の波高値に対応する絶縁が必要で（⑮参照）、電圧が高いと絶縁コストが負担になります。
- 送電端と受電端の位相差により送電が制限されます。この**同期安定性**による送電限界は、長距離送電線では送電線の熱容量よりかなり低い値になります（㊸参照）。
- ケーブル送電線はコンデンサーとして電気を蓄える性質を持っています。ケーブルが長いと**充放電電流**が大きくなり、実際に送電できる容量が減ってしまいます。

• 周波数が異なると、送電線を接続できません。

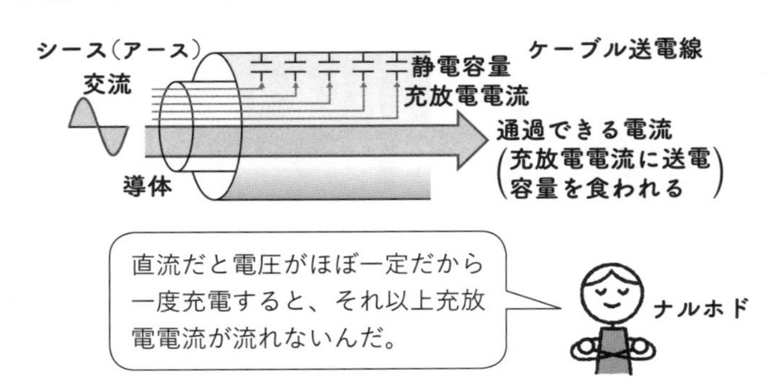

直流送電には、これら交流の欠点がありません。そこで直流の利点を発揮できる場合には、交流系統の中に**交直変換器**を設置して直流送電を組み込んでいます。

直流送電の適用例

（1）周波数変換

東日本50[Hz]系統と西日本60[Hz]系統の間には、2024年時点で2,100[MW]の送電容量を持つ交直変換設備があります。

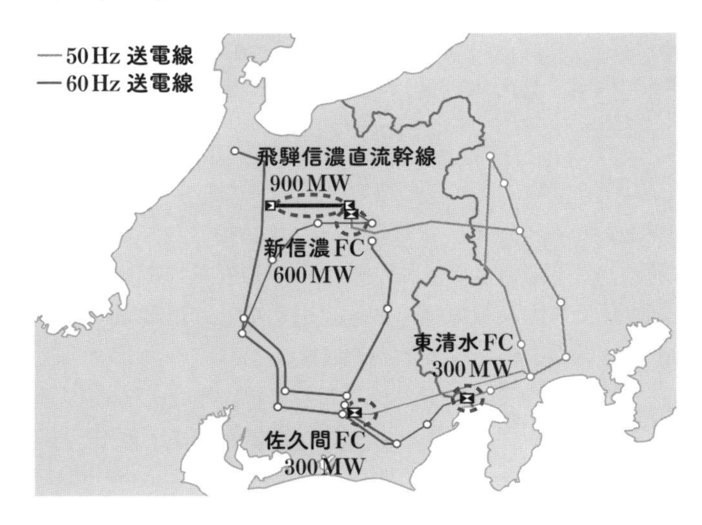

（2）海底ケーブル送電

北海道50[Hz]系統と東日本50[Hz]系統は、直流の海底ケーブルで連系され、2024年時点で900[MW]の送電容量があります。

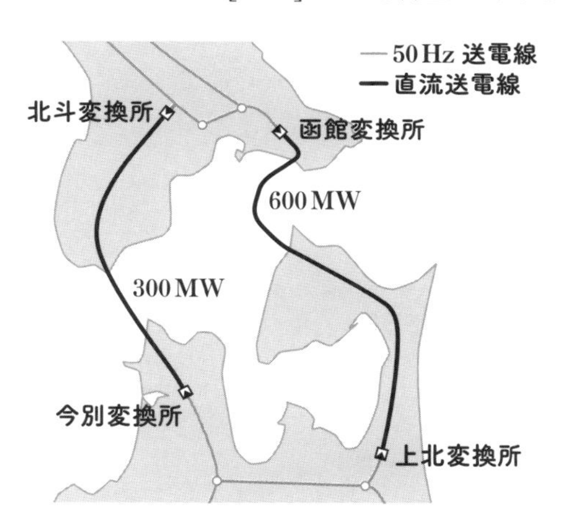

交直変換器の仕組み

直流設備には**半導体**（③参照）を用いた**交直変換器**が必要です。直流送電を交直変換器の側から紐解いてみましょう。

（1）サイリスタと他励式変換器

サイリスタは、素子に順方向の電圧が印加された状態でゲートパルスを与えると電流が流れ始め、逆方向の電圧が印加されると電流を阻止します。サイリスタを用いた他励式変換器は、交流への変換の際に変換先に安定した交流電圧の存在が不可欠で、無電圧の状態から交流波形をつくり出すことができません。大容量変換器が製作可能で変換時の損失が少ないのが特徴です。

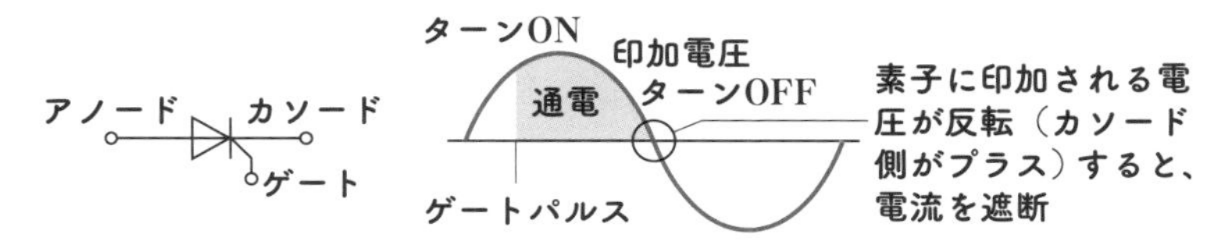

(2) 自己消弧デバイスと自励式変換器

自己消弧デバイスは、電流の流れ始めと阻止を自由なタイミングで制御可能で、GTO、IGBTなど多数の種類があります。自己消弧デバイスを用いた自励式変換器は、無電圧の状態から自由に交流波形をつくり出すことが可能で、交流モーターを駆動するインバーターとして発展してきました。近年は電力系統への適用も増えています。

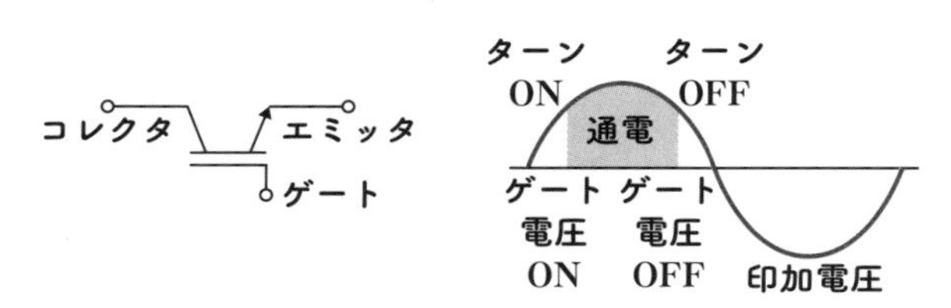

(3) 交直変換器の構成

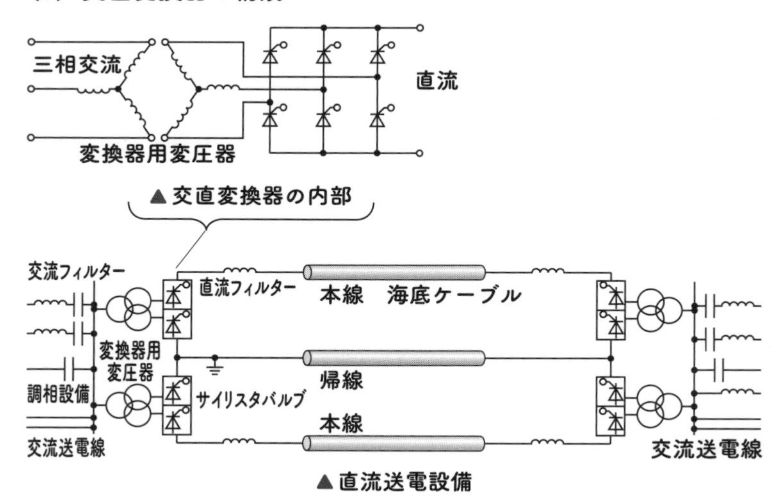

▲交直変換器の内部

▲直流送電設備

- ゲートパルスのタイミングを変えることにより、
  順変換(交流⇨直流)
  逆変換(直流⇨交流)
  いずれの動作も可能
- 他励式、自励式とも内部の構成は、基本的に同じ

コラム｜9

高調波

電気の品質として周波数と電圧が一定に維持されることが重要ですが、正弦波の波形が維持されていることも重要です。商用電源の波形が正弦波から歪むのは、もとの周波数(50または60 Hz)より高い整数倍の周波数成分の正弦波が合成されていることが原因です。この高い周波数成分の交流を「高調波」といいます。

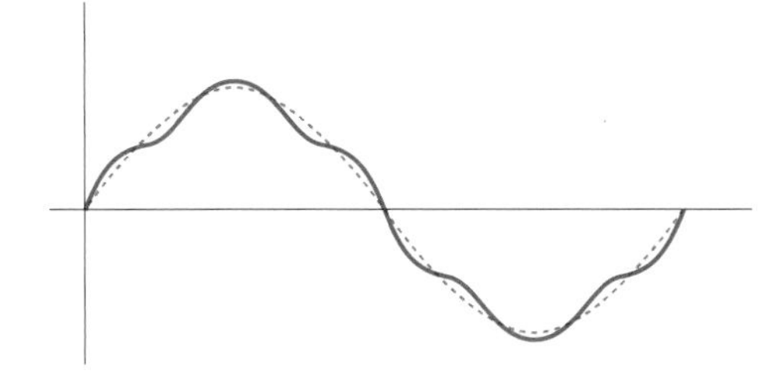

60 Hzの正弦波に
10%の第5次高調波(300 Hz)
5%の第7次高調波(420 Hz)
を合成した波形

高調波は、内部で直流に整流する機器や蛍光灯など、正弦波電圧を加えても正弦波と異なる電流が流れる機器が原因で発生し、周辺の電気機器を過熱させるなどの悪影響があります。

直流送電に不可欠な交直変換器は、大量の高調波を発生します。そこで、高い周波数成分を通しにくいコイルと、通しやすいコンデンサーを組み合わせたフィルター回路(㉝参照)を設置して高調波を吸収し、外部への流出を防いでいます。

Chapter

8 動力や化学など、さまざまな利用方法

電気の特徴は、便利で扱いやすく、他の多くのエネルギー利用を高効率で代替できる点です。Chapter8では、そんな電気の特徴を活かした、さまざまな利用方法について紹介します。

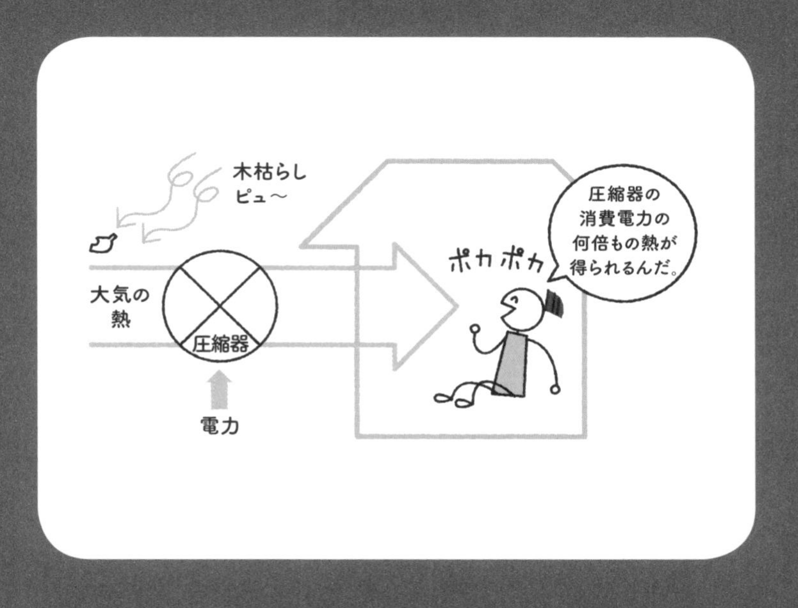

動力 角速度 トルク

46 電力と動力の関係を知ろう―電気の動力としての利用

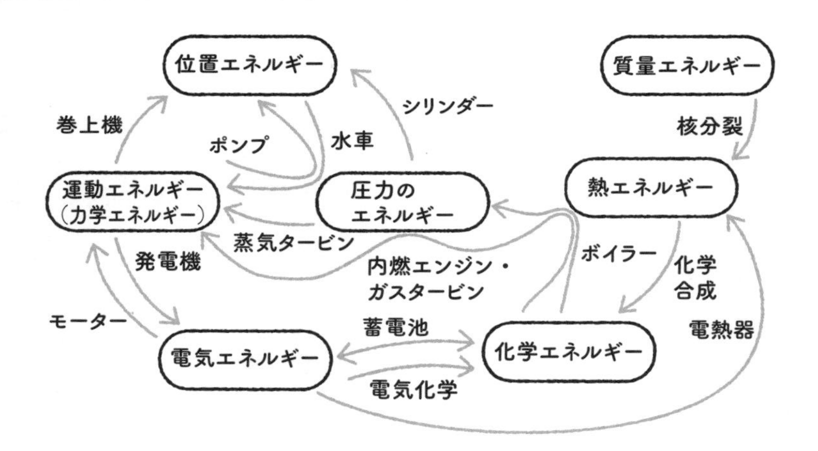

運動エネルギー、位置エネルギー、化学エネルギー、熱エネルギーなど我々が普段利用しているエネルギーにはさまざまな形態があり、電気エネルギーもその中の1つです。

電気エネルギーは、モーターによって**動力**の運動エネルギーに高効率で変換できます。モーターに入力される電力P[W]と回転の動力の関係は、$P = \omega T$[W]となります。

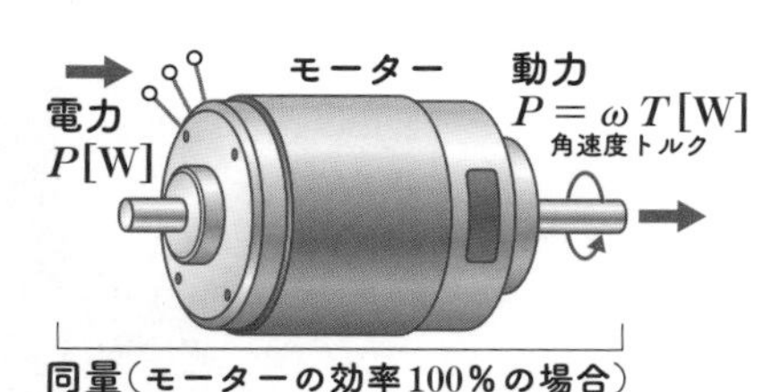

角速度ω[rad/s]は、毎秒あたりの回転数に角度2π[rad]を掛けたものだ。

ここでωは**角速度**で単位は[rad/s]、Tは**トルク**で単位はニュートン・メートル[N·m]です。トルクとは軸を回す力で、加える力[N]と半径[m]の積です。動力と電力の単位は共に仕事率[W]です（⑤参照）。

平面系	対応 回転系
速度 v[m/s]	**角速度 ω[rad/s]**
距離 s[m]	**角度 θ[rad]**
力 F[N]	**トルク T[N·m]（力×半径）**
質量 m[kg]	**慣性モーメント I[kg·m^2]**
動力 $P = Fv$ [W]	**動力 $P = \omega T$ [W]**

参考

巻上機の例：半径0.5[m]の巻上機で100[kg]の重りを毎秒10[m]で巻き上げる場合に必要な電力Pは？

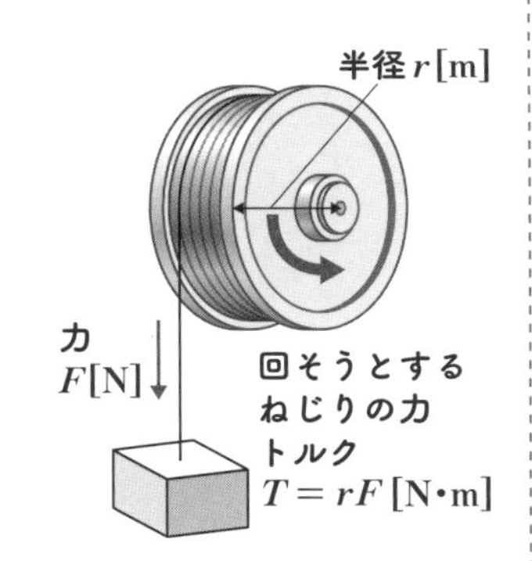

重りが下向きに引く力Fは質量×重力加速度なので、

$$F = 100 \times 9.8[\mathrm{N}]$$

巻き上げに必要なトルクは、重りによるトルクと等しいので、T = 半径 × 力 $= 0.5 \times 100 \times 9.8$[N·m]

毎秒10[m]で巻き上げるので、円筒の周速$r\omega = 10$[m/s]より、$\omega = \dfrac{10}{0.5}$[rad/s]

$$\text{動力} = \omega T = \frac{10}{0.5} \times 0.5 \times 100 \times 9.8 = 9.8 \times 10^3\,[\mathrm{W}]$$

これが必要な電力と等しいので、$P = 9.8 \times 10^3$[W]

他のエネルギーを電気エネルギーへ変換—発電の仕組み

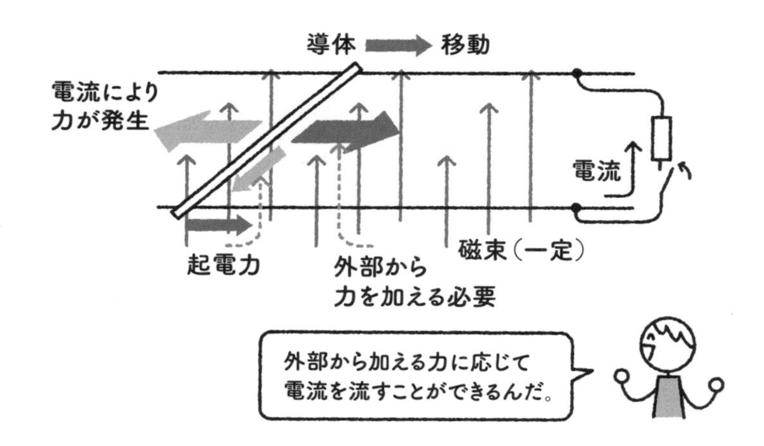

発電とは、他の形態のエネルギーを電気エネルギーに変換することです。発電機は、**回転の動力**から電力にエネルギーを変換しています。

回転の動力を得る方法として、発電の主力として活躍する水力、火力、原子力を取り上げます。

発電機の仕組み

導体が磁束を横切ると、ファラデーの法則により導体に**誘導起電力**が生じます（⑦参照）。この電圧によって回路に電流が流れると、導体の動きを止めようとする力が、電流に比例して発生します。電圧と電流を維持するためには、この力に負けないように導体を押し続ける動力が必要です。こうして導体を押す**動力が同量の電力に変換**されます。

回転の動力を得る方法1：水力発電

高い位置にある水は位置エネルギーを蓄えています。水圧鉄管をこの水で満たすと、鉄管の下端では押す力としての圧力が得られます。水車により水の圧力を回転の動力に変換します。

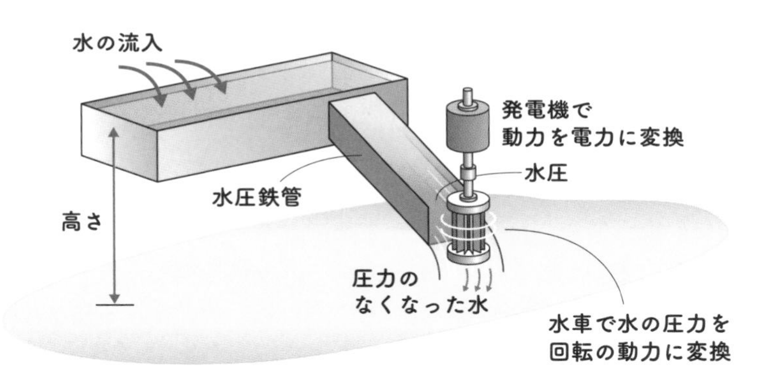

落差100[m]の発電所で、毎秒10[t]の使用水量の場合
水車と発電機の効率90[%]とすると、

$$\text{電力}\ P = \underbrace{100}_{\text{落差}} \times \underbrace{10 \times 10^3}_{\text{水量[kg/s]}} \times \underbrace{9.8}_{\text{重力加速度}} \times \underbrace{0.9}_{\text{効率}}$$

$$= 8{,}820 \times 10^3\,[\mathrm{W}]$$

風の圧力で風車を回す風力発電も原理は同じだね。

回転の動力を得る方法2：火力発電

分子内での原子間の化学結合には、それぞれ固有のエネルギーがあり、燃焼すると結合が組み換えられて**熱エネルギー**が放出されます。この熱エネルギーは、ヘスの法則により求めることができます。

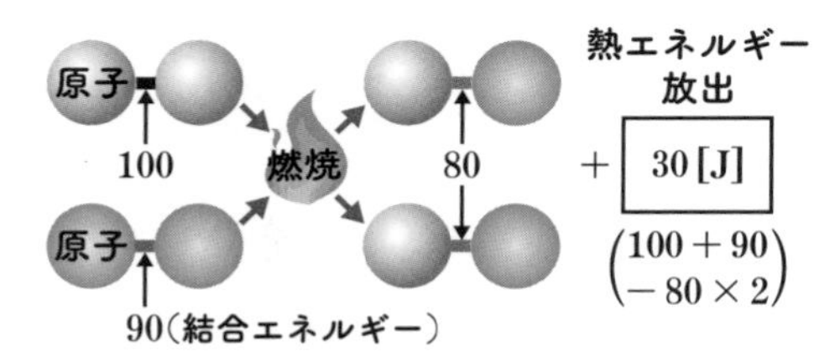

▲ ヘスの法則による熱エネルギー放出イメージ

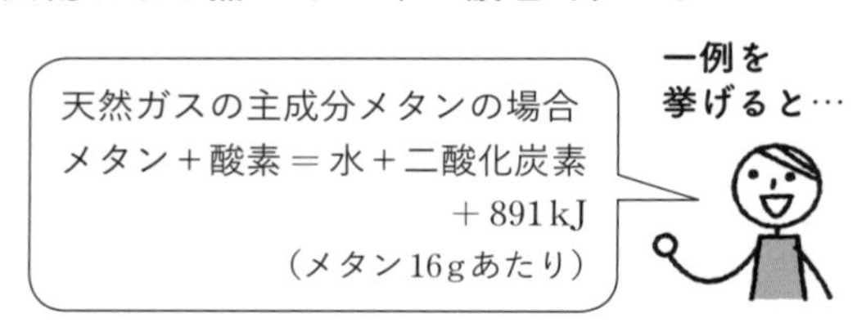

熱から得られる蒸気や燃焼ガスの圧力を、タービンで回転の動力に変換します。しかし、発生する熱エネルギーのうち電気エネルギーに変換できるのは半分程度で、残りは煙突から大気、あるいは復水器から海に放出されてしまうため、放出される熱を減らして熱効率を高める改良を重ねています。

ボイラーで蒸気を発生させてタービンを回す汽力発電と、ガスタービンを回した後、高温排熱で蒸気タービンを回すガスタービン・コンバインドサイクル発電に大別されます。

（1）汽力発電

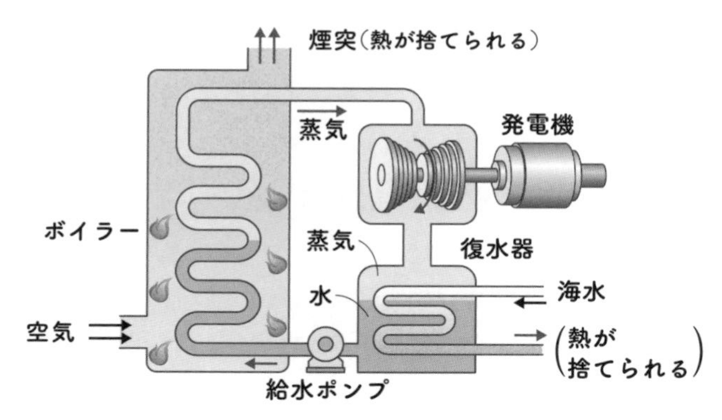

(2) ガスタービン・コンバインドサイクル発電

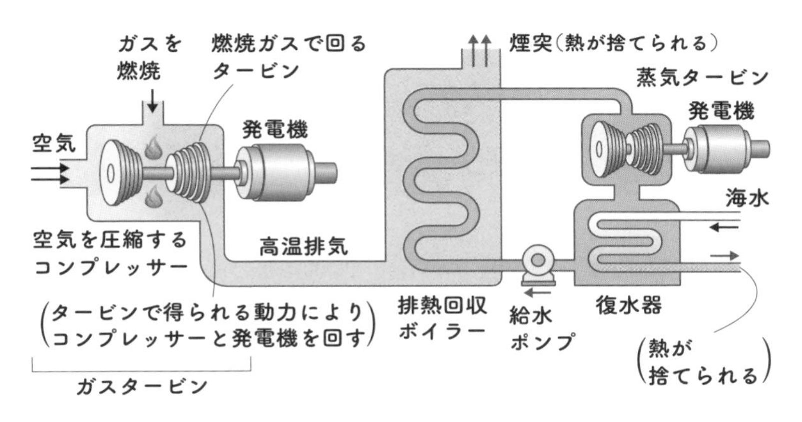

汽力発電、ガスタービン・コンバインド発電いずれも、煙突からの排気と復水器に入る蒸気の熱を極力少なくすれば熱効率が向上するため、

- 排気の熱で給気を温める
- 排気の熱で給水を温める(節炭器)
- タービンの蒸気を途中で取り出して蒸気の熱で給水を温める

などの対策を積み重ねています。

回転の動力を得る方法3:原子力発電

ウランのような重い原子が核分裂により2個以上の原子に分裂すると、分裂後の質量の合計がもとの重い原子よりわずかに小さくなります。この差を**質量欠損**といい、質量欠損によるエネルギーは、アインシュタインが発見した有名な式$E = mc^2$[J]で与えられます(mは質量欠損[kg]、cは光速3×10^8[m/s])。少量の核燃料から膨大な**熱エネルギー**が得られ、ボイラー部分を原子炉に置き換える以外は汽力発電とほぼ同じ仕組みです。発電時にCO_2を発生しないという特徴を持っています。

トルク 誘導起電力 すべり 速度制御

現在は交流モーターが全盛 ―モーターの種類と特徴

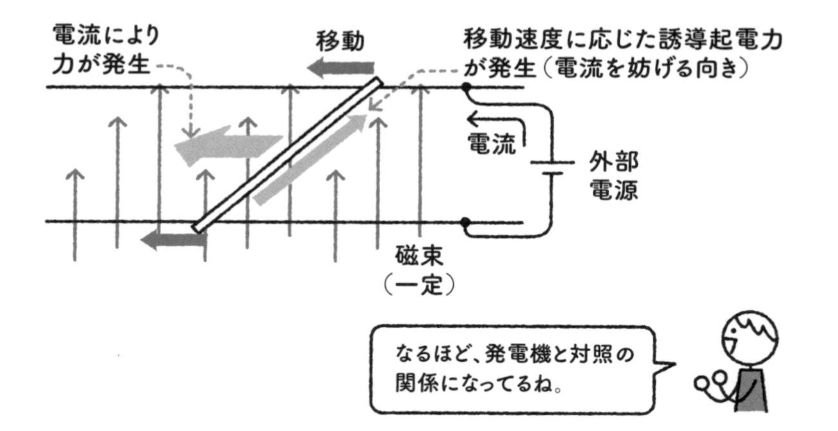

発電機とモーターは同一の構造で、電力と動力を双方向に変換できます。ただし、発電機の用途のほとんどが交流商用電源の供給であるのに対し、モーターの用途は多種多様で、大出力、頻繁な起動停止、精密な制御など、目的に応じてモーター自体や制御方法が使い分けられています。

直流モーターの仕組み

一定の磁界の中に導体を置いて電流を流すと、電流に比例する**トルク**が発生し、導体が移動します。導体が磁束を横切ると、ファラデーの法則により、速度に比例した**誘導起電力**が発生するため、電流が抑制されていきます（⑦参照）。

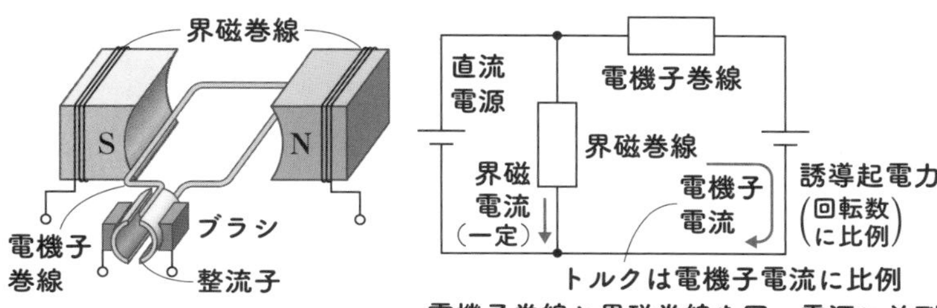

電機子巻線と界磁巻線を同一電源に並列接続する「直流分巻モーター」の等価回路

直流モーターは、磁界を発生させるのは固定子側の界磁巻線、磁界中に置かれる導体は回転子側の電機子巻線で、ブラシと整流子を通じて外部電源から電流が供給されます。

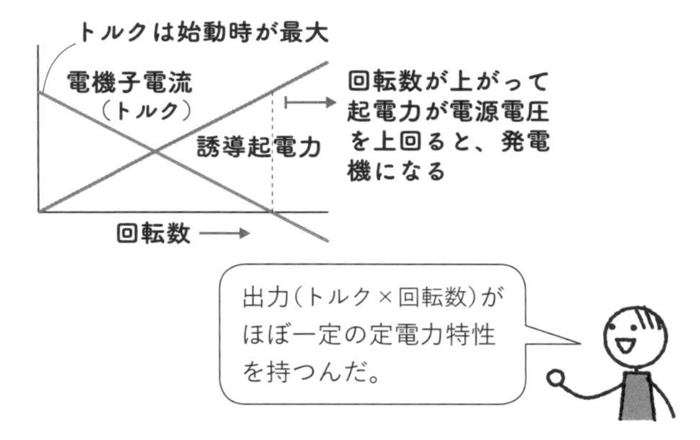

電機子巻線に直列に抵抗を挿入して電流を調整すれば、トルクを自由に制御できるなど、**速度制御**性に優れています。ただし、ブラシと整流子を通じて回転子に電機子電流を流すため、ブラシの摩耗が激しく、保守に手間が掛かる欠点があります。

交流誘導モーターの仕組み

固定子コイルに三相交流を印加して**回転磁界**を発生させると、回転子導体を磁束が横切る際の**誘導起電力**により電流が流れ、トルクを発生して回転を始めます。ただし、回転子の回転数が回転磁界と一致すると、誘導起電力が発生せず回転子の電流がゼロでトルクもゼロになります。つまり誘導モーターでは回転磁界と回転子の相対的な角速度差が重要で、この値を**すべり**sといいます（sは0〜1の値、0＝角速度差ゼロ、1＝回転子停止）。

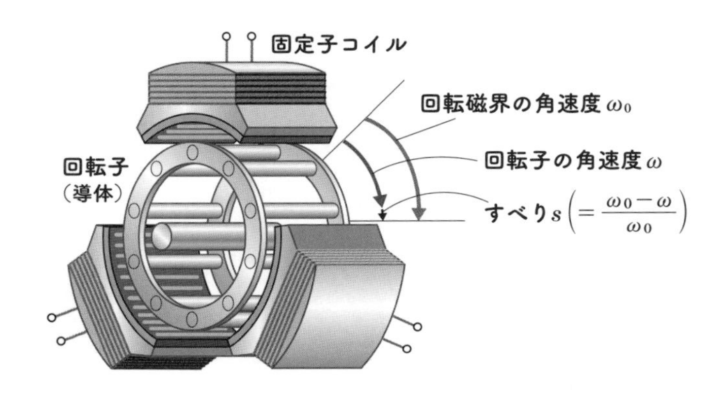

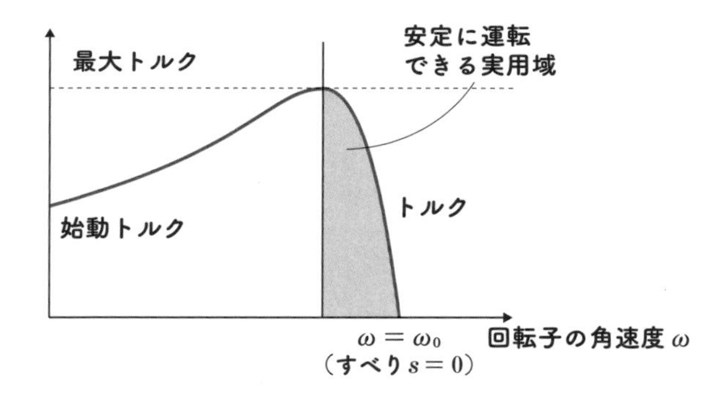

誘導モーターは、すべり2〜4[%]程度で使用され、**速度制御**には不向きですが、堅牢で保守が容易なメリットがあります。

交流同期モーターの仕組み

同期モーターは、回転子側に磁石を組み込んで、すべり0で磁気カップリングにより回転します。効率が高いのが特徴ですが、始動には工夫が必要で、電源の**回転磁界**と等しい一定速度でしか回転できません。

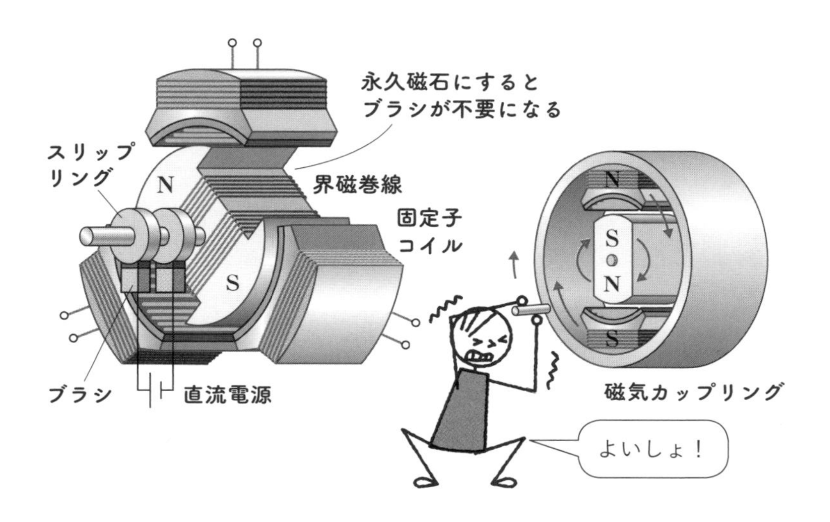

▼ 各モーターの特徴

	直流モーター	交流誘導モーター	交流同期モーター
始動特性	始動トルク大	始動トルク小	自己始動できない（始動装置が必要）
速度制御性	良好	悪い インバーター電源で駆動すれば良好	不可（定速運転） インバーター電源で駆動すれば良好
効率	悪い	直流機より良好	最良
保守性 堅牢性	悪い	良好	誘導モーターに劣る（界磁に永久磁石を用いれば最良）

以前は、速度やトルクを制御する場合には、保守性の悪さを我慢して直流モーターが採用されていました。インバーター電源により電圧や周波数を自由に設定できると、交流モーターでも直流モーターと同等の制御性が得られるため、誘導モーターの採用が増えています。さらに、保守性や効率が最も優れる永久磁石同期モーターの採用も増えています。

49 電気の力で物流や人々の足を支える—鉄道

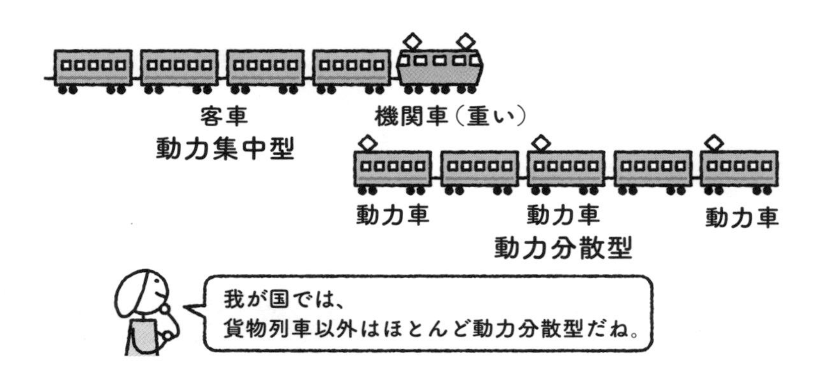

電車は、重い車両で頻繁に発車と停止を繰り返し、高速走行までこなす必要があります。このため**直流直巻**（ちょくまき）**モーター**という、界磁巻線と電機子巻線を直列に接続した特殊な直流モーターが長く使われてきました。このモーターは大きな始動トルクを持つ一方で、高速回転も可能なため、自動車などエンジン車両には必須となる変速機によるギア比の切り替えが不要です。

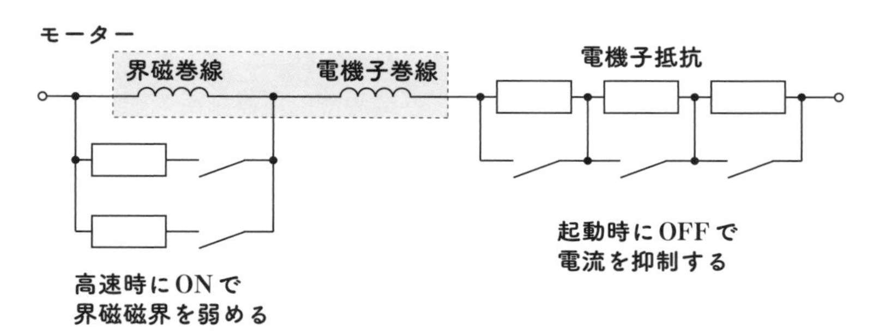

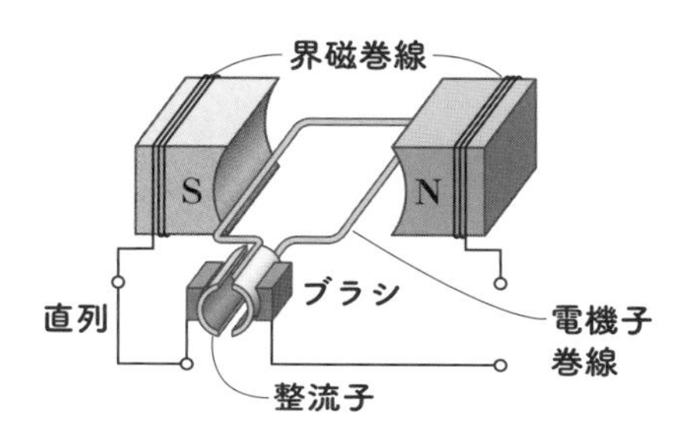

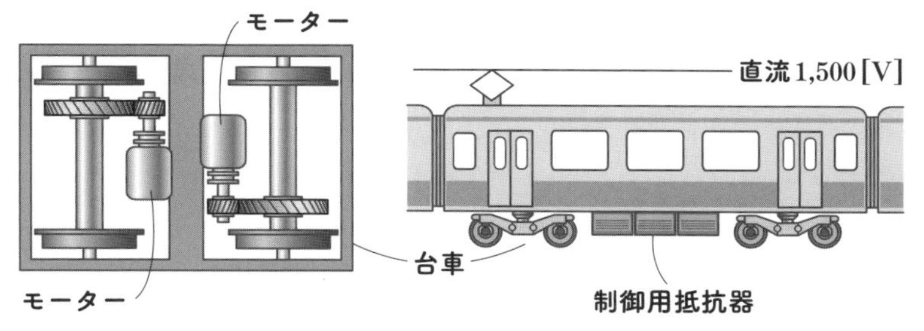

(1) 直流き電と交流き電

直流モーターを用いるため、架線からの電力供給(「き電」といいます)は、直流が多く採用されていますが、新幹線と北海道、東北、北陸、九州の在来線には交流き電が採用されています。交流き電の場合には、車両上で交流を直流に整流し、直流モーターを駆動します。

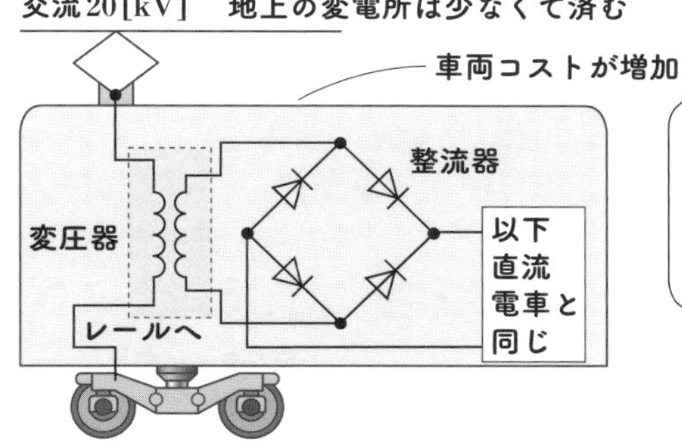

ちなみに、東海道・山陽・九州新幹線は交流60[Hz]、東北・上越・北海道新幹線は交流50[Hz]です。北陸新幹線は、区間によって50[Hz]と60[Hz]が何度か切り替わります。交流区間と直流区間、あるいは異なる周波数の交流区間の間には、デッドセクションと呼ばれる無電圧区間を設けて、直通電車は滑走して通過します。

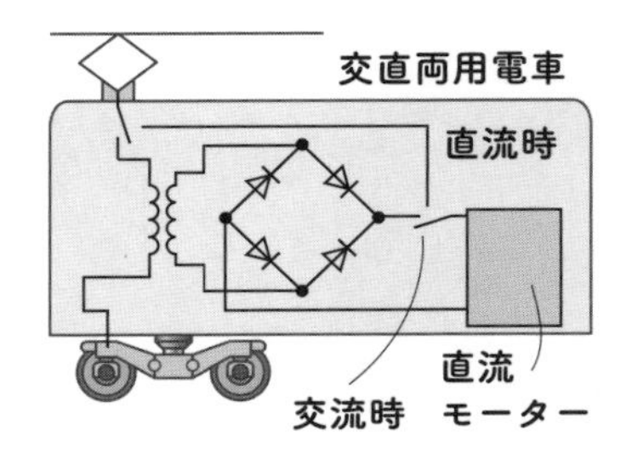

(2) 交流モーターの利用

近年では、インバーターにより電圧や周波数を自由に変化させて、交流かご形**誘導モーター**を駆動する方式が広まっています。直流直巻モーターと同等以上の性能が得られるうえに、ブラシと

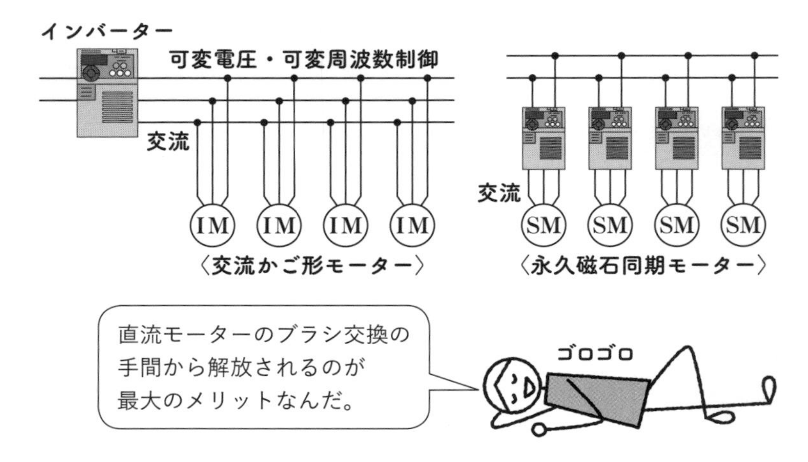

整流子を持つ直流モーターの保守性の悪さが解消されます。また、エネルギー効率や保守性に最も優れる永久磁石同期モーターを採用している例もあります。

このような高性能車両は、減速時に列車の運動エネルギーで発電し、架線に電力を返す**回生ブレーキ**を備えています。加速時の電力消費の3割以上を回収できるため、大幅な省エネ化が可能です。

(3) リニアモーター駆動

円筒形の交流誘導モーターを切り開いて延ばした形状の**リニアモーター**を採用すると車両を小型化できるため、全国各地の地下鉄で採用されています。トンネル断面積を半分にできるため建設費を抑えられるだけでなく、加速時や減速時に車輪とレールとの摩擦に頼る必要がないため、急勾配も走行可能というメリットもあります。

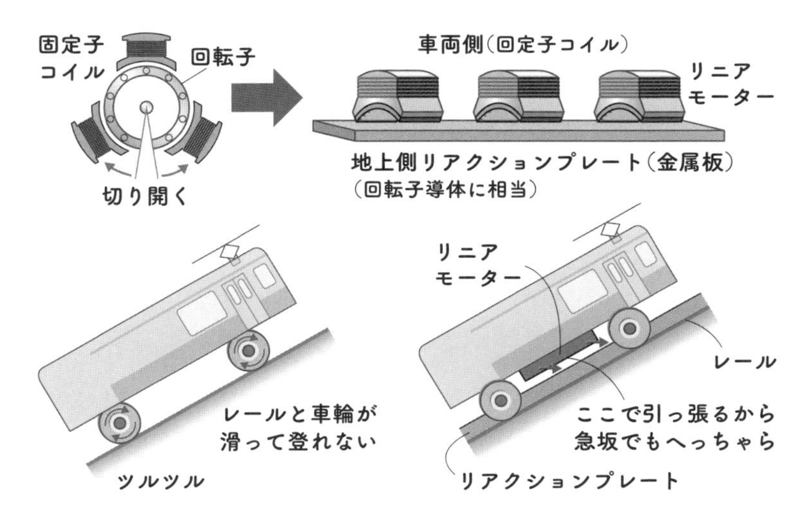

省エネの切り札となる魔法の熱源 —ヒートポンプ

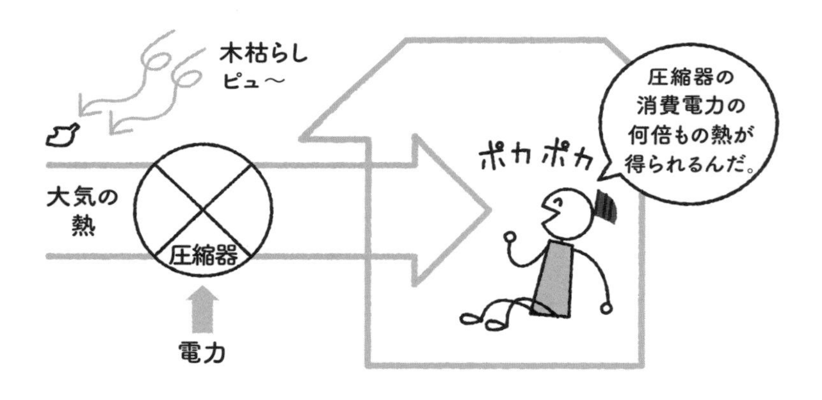

電熱ヒーターでは消費電力と発生熱量が等しくなります。しかし、ヒートポンプを使えば、消費電力の何倍もの熱量を得ることができます。

ヒートポンプの原理

気体を密閉した状態で圧縮すると温度が上昇します。これを**断熱圧縮**といいます。温度が上昇した気体をそのまま放置すると、外部に熱が逃げてもとの温度に戻ります。この状態で気体をもとの圧力に戻すと、外部よりも温度が下がります。これを**断熱膨張**といいます。ヒートポンプはこの原理を利用します。

液体が蒸発する際には、多量の気化熱を吸収します。また、蒸気が液体に戻る際には、多量の凝結熱を放出します。実際のヒートポンプでは、この気化熱と凝結熱をうまく利用することで、高効率を実現しています。

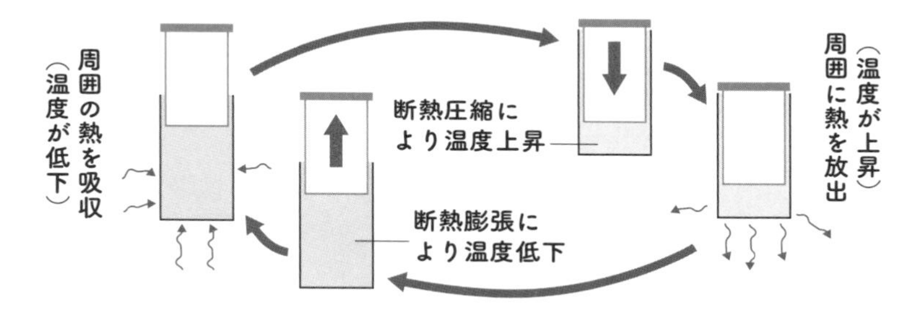

ヒートポンプの構造

ヒートポンプの鍵を握るのは、内部で循環して気化と凝結を繰り返す**冷媒**です。目的とする温度帯で都合良く気化や凝結できる化学的に安定な物質が必要で、かつてはフロン類が使われていました。現在では大気のオゾン層破壊への影響が少ない代替フロンと呼ばれる物質に切り替えられています。

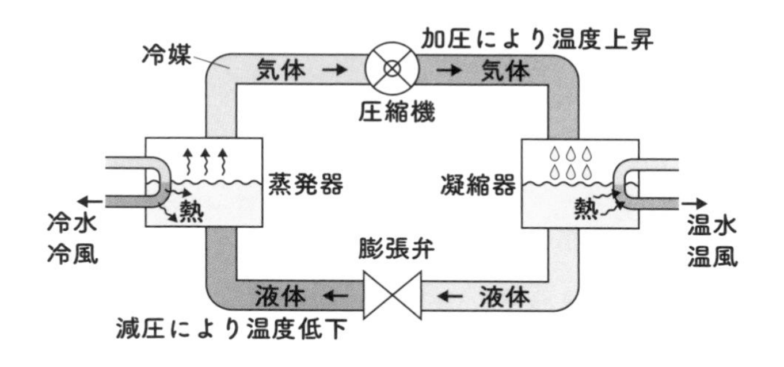

エアコンの冷房運転では、室外機が凝縮器で室内機が蒸発器になります。

暖房運転では圧縮機を逆回転させて、凝縮器と蒸発器を逆にします。

51 電気は化学の世界でも大活躍 —電気化学

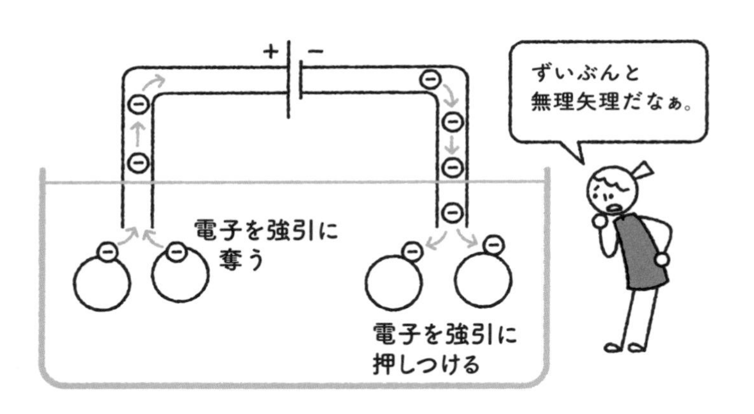

電気には化学反応を起こす強力な力があります。電気を化学反応に利用することを**電気化学**といい、身近なものでは乾電池や充放電可能な二次電池があります。電気化学はめっきやアルミニウム精錬など工業分野でも多く利用されています。

液体中に電極を入れると、マイナス極(カソード)からは周囲の液体に**電子**(e^-)が与えられ、プラス極(アノード)の周囲の液体からは電子が奪われます。つまりアノード周辺では**酸化反応**が、カソード周辺では**還元反応**が生じます。

食塩電解は、工業分野における電気化学の代表例です。電極間に設置するイオン交換膜は、陽イオンであるナトリウムイオンだけを選択的に透過させて陰イオンである塩素イオンを透過させないため、苛性ソーダの濃度を高め、塩素イオンの混入を防ぐことができます。

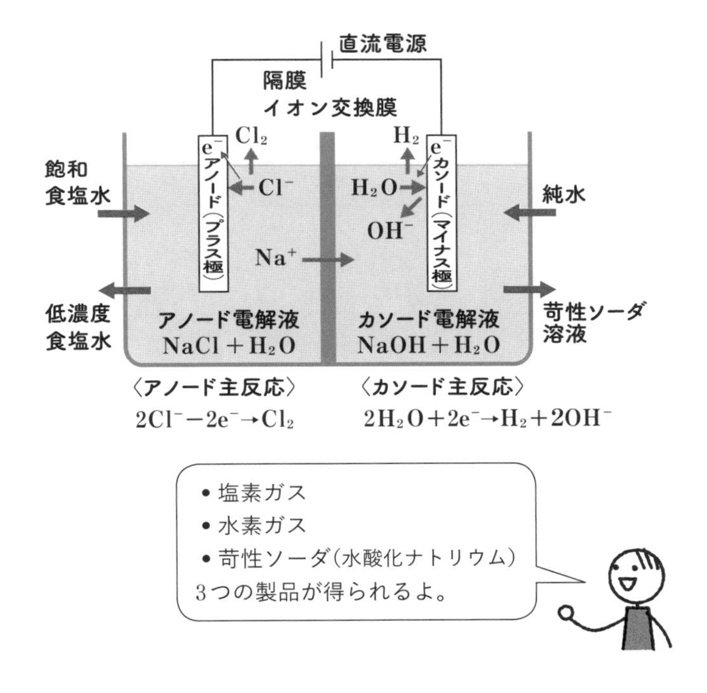

飽和食塩水で満たされたアノード室側では、食塩の塩素イオンが電子を放出して塩素ガスとなり、残ったナトリウムイオンは膜を通過してカソード室に移動します。

純水で満たされたカソード室側では、水が電子を受け取って水素ガスを発生し、残った水酸化物イオンがカソード室から移動してきたナトリウムイオンと結合して水酸化ナトリウム（苛性ソーダ）水溶液となります。

上記のような水溶液中で行う反応のほかに、固体を熱で溶かした液体中で反応を行う「溶融塩電解法」もあります。主にアルミニウムAlやナトリウムNaなど軽金属の精錬に用いられています。

電気にしかできない匠の技—誘導加熱とマイクロ波加熱

	誘導加熱（IHコンロ）	マイクロ波加熱（電子レンジ）
発熱原理	電流によるジュール熱	摩擦熱
発熱対象	導体	絶縁体
発熱場所	表面に集中	内部まで均一

IHコンロと電子レンジは、原理がまったく違うんだなぁ。

電気を熱エネルギーとして利用するのは、エネルギー効率の点からはもったいないのですが、電気にしかできない加熱方法もあります。それが誘導加熱とマイクロ波加熱です。均等な加熱による品質や生産性の向上、クリーン性や安全性など、さまざまなメリットがあります。

誘導加熱

コイルに交流電流を流すと磁束が発生し、近くに金属を置くと、金属内にはファラデーの法則により磁束の変化に応じた**誘導起電力**を生じて、渦電流が流れます（⑦参照）。この渦電流による発熱で金属を加熱させることを、誘導加熱といいます。

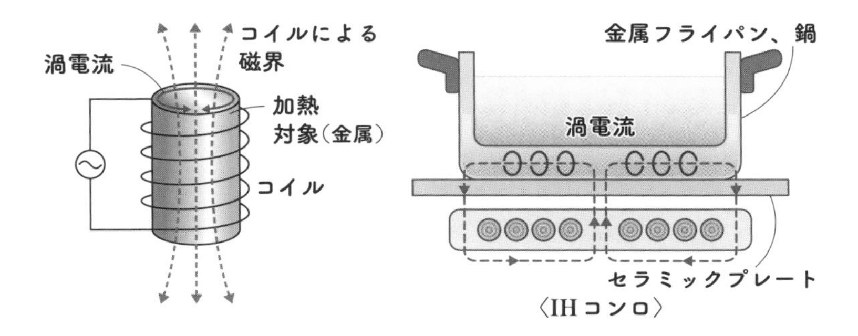

マイクロ波加熱

マイクロ波は、波長が約1[mm]〜1[m]（300[MHz]〜300[GHz]）の電磁波です。このマイクロ波を絶縁体である**誘電体**に照射します。誘電体は、分子がプラスとマイナスに分極した双極子という構造を持っており、電界の中では、この分子双極子が電界に対して整列します。電磁波は、周波数に応じて電界の向きが激しく変わるため、電磁波の中に置かれた誘電体は、内部の分子双極子が激しく回転して摩擦により発熱します。物質を内部から加熱できるのが最大の特徴です。

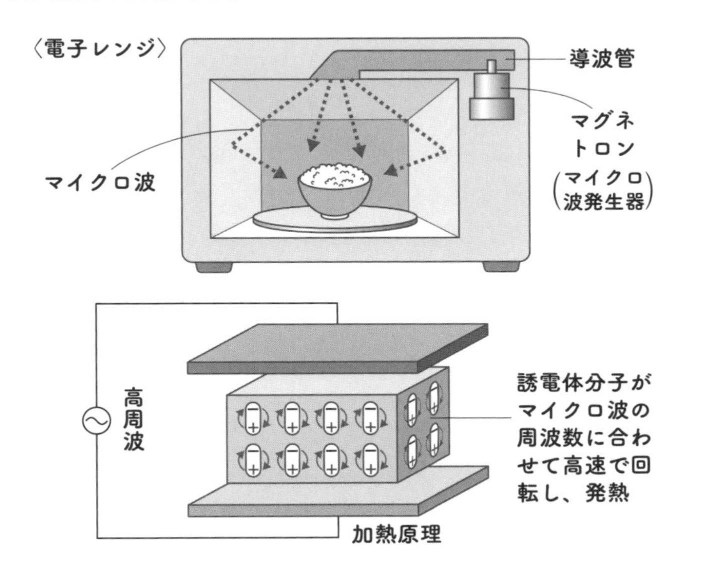

電気利用の元祖—照明の仕組み

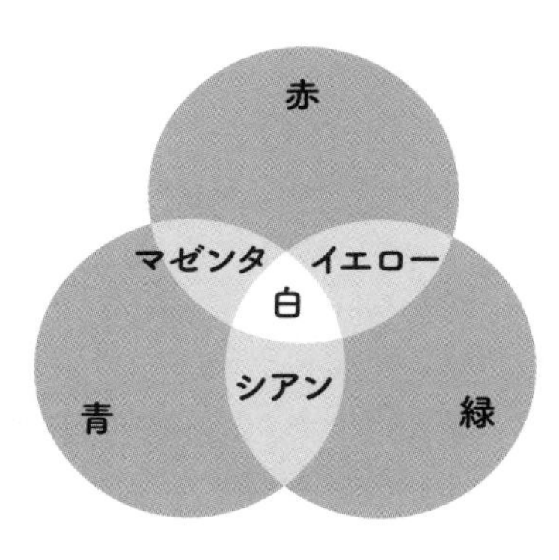

赤、緑、青：
光の3原色

シアン、マゼンタ、イエロー：
（青緑）（赤紫）　（黄）
色の3原色

電力消費における照明の割合は決して高くないものの、便利で明るくて安全な照明を得たことは、今日の人々の生活を支える電気の出発点であり、今後もその重要性は変わりません。主な照明機器の発光の仕組みを見てみましょう。

白熱電球

高温に強く電気抵抗の大きいタングステンのフィラメントが、発熱により発光します。フィラメントが高温で燃えないよう酸素を遮断する目的で、アルゴンなど不活性ガスを充填しています。電気の大半が光ではなく熱になるため**発光効率**が低く、照明機器としての歴史的な役割は、ほぼ終えています。

エジソンが発明した当時のフィラメントは京都の竹からつくった炭素繊維だったよ。

蛍光灯

ガラス管内で電極に電圧を加えて加熱すると放電により電子が飛び出していきます。この電子がガラス管内の水銀蒸気にぶつかると、紫外線を放出し、ガラス管の内側に塗られた蛍光物質にあたると可視光線に変わります。放電開始には工夫が必要で、最もシンプルな手動スタート方式では、始動スイッチを長押しすると電極が加熱され、スイッチを離した瞬間に安定器のリアクタンスにより高電圧が発生して放電を開始します。

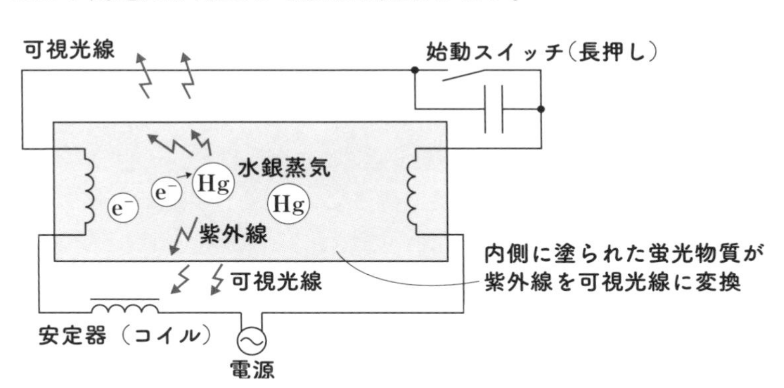

紫外線も可視光線と同じ電磁波だけど、人間の目には波長が短く（周波数が高く）、見えないんだ。

水銀灯・ナトリウムランプ

水銀灯は、水銀蒸気中のアーク放電により発光します。白熱電球より発光効率が高く大出力に適するため、屋外の照明用に広く利用されてきました。水銀と少量のアルゴンガスを封入し電極を備えた内管(放電管または発光管ともいいます)は発光時に高温になるため、外管で覆った2重構造となっています。水銀に関する水俣条約により2021年以降の製造や輸入が禁じられていて、代替品への置き換えが急速に進んでいます。

ナトリウムランプは水銀灯と同じ構造で、ナトリウム蒸気中のアーク放電により発光します。実用光源の中では最も**発光効率**が高い一方で、オレンジの単色光で**演色性**が悪く、対象物の色の見分けができないため、トンネル内の照明など用途が限られています。

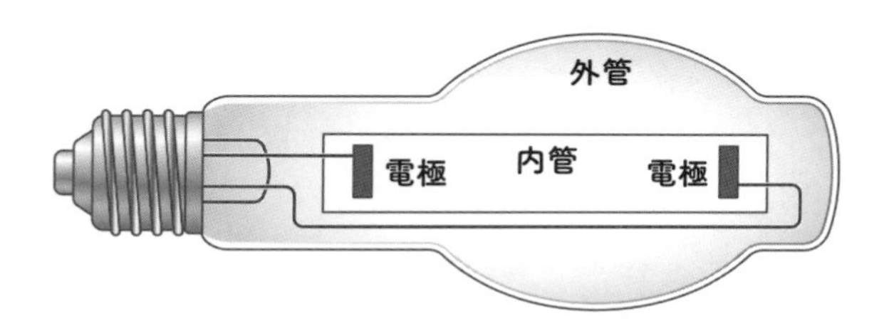

LED照明

シリコンに不純物を混ぜて、陽子に対し電子が過剰な状態の**n型半導体**と、シリコンに不純物を混ぜて陽子に対し電子が不足状態の**p型半導体**を接合し、p型半導体側に正の電圧を印加すると、電子が接合面を通過する際にエネルギーを放出し、発光します。**発光効率**が高く**長寿命**なため、白熱電球だけでなく、蛍光灯や水銀灯の代替としても急速に普及しています。

照明に不可欠な青色LEDは1990年代にようやく実用化されました。この発明により中村修二氏、赤﨑勇氏、天野浩氏の3名が2014年にノーベル物理学賞を受賞しています。

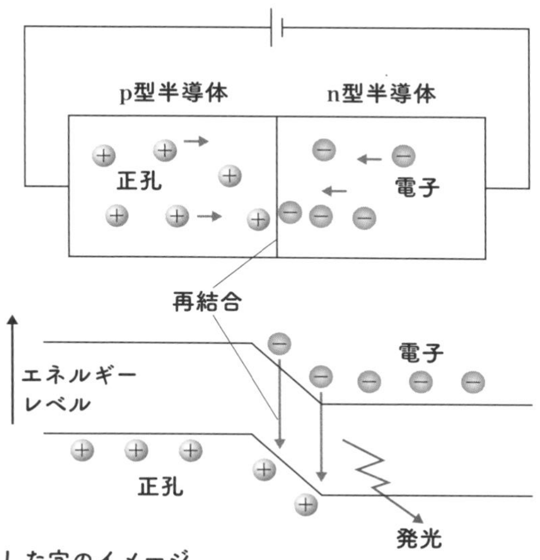

正孔とは、
電子が不足した穴のイメージ
正の電荷と等価

エネルギーレベルの高い位置から低い位置に電子が飛び降りるから、余ったエネルギーが光として出るんだ。

ん〜。SF の世界みたいだ

	発光効率 [lm(ルーメン※)/W]	寿　　命 [時間]
白熱電球	10〜20	1,000〜2,000
蛍光灯	40〜110	6,000〜12,000
水銀灯	50〜60	6,000〜12,000
ナトリウムランプ	120〜180	24,000
LED照明	100〜200	40,000

※ルーメンは光源から放たれる光の量を表す単位で、電力で割ると発光効率になる

コラム｜10

照明の明るさの単位

照明の明るさには、以下のように複数の指標があり、目的によって使い分ける必要があります。

光束：単位はルーメン[lm]
光源が発する光の総量で、光の向きは全周です。光源の発光効率は、ルーメン[lm]を消費電力[W]で割った値になります。

光度：単位はカンデラ[cd]
単位立体角あたりの光束で、カンデラ[cd]はルーメンを角度で割った単位です。同じ光束の光源でも、反射板やレンズにより照らしたい方向の光度を上げることができます。

照度：単位はルクス[lx]
照らしたい対象に届く単位面積あたりの光束で、ルクス[lx]はルーメンを面積[m^2]で割った単位です。照明器具を設置する際は照度を確保することが最優先になります。

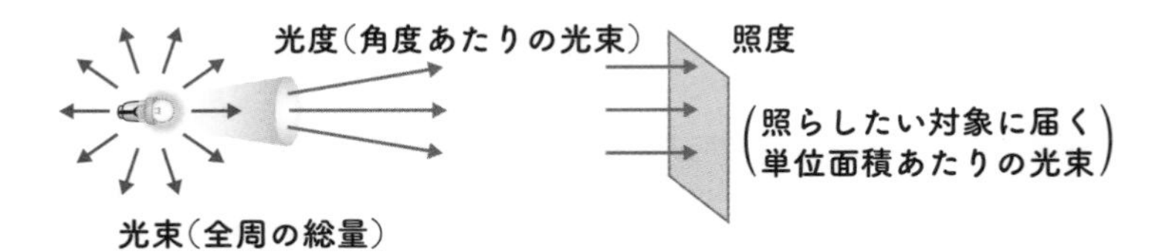

他に輝度（まぶしさ）、色温度、演色性などの指標があります。

商用電源 整流 直流

生活の隅々に行きわたる—家電や情報機器への電源供給

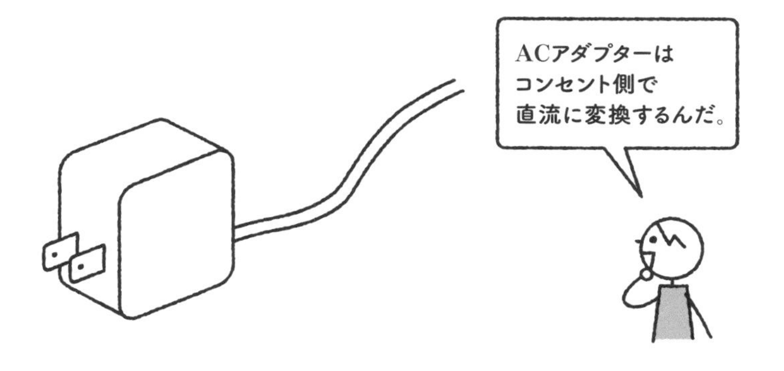

スマホやタブレット、パソコンなどの情報機器、テレビやレコーダー、オーディオなどのAV機器。これらの機器の中はすべて直流で動いています。これらの機器が必要とする直流を、商用電源から供給する仕組みについて見ていきましょう。

シリーズ電源（リニア電源）

電圧を自由に変えられる交流の特性を活かし、**変圧器で降圧**したうえで**直流に整流**し、3端子レギュレーターで目的の電圧に安定化します。3端子レギュレーターでは、入力と出力の電圧差により熱損失が発生します。また、変圧器が重くかさばるため、機器全体の小型軽量化の妨げになることもあり、現在ではあまり採用されなくなっています。

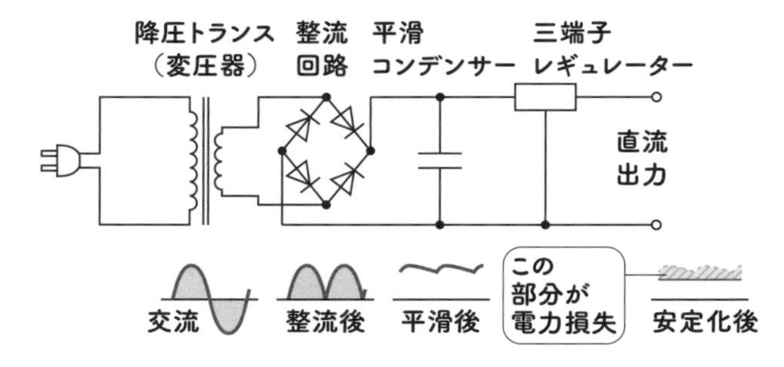

出力にノイズが少ないから、高精度の測定器や高音質のオーディオ機器に適してるんだ。

スイッチング電源

商用電源を直接整流した直流を、高速でON/OFFするトランジスタでスイッチングし、小型の**高周波トランス**(変圧器)を通した後、再度直流に**整流**します。この高周波トランスは、漏電事故防止のために商用電源と内部回路を絶縁するのが目的です。商用電源より周波数が高いためトランスは大幅に小型になります。電源全体を小型軽量にでき、エネルギー損失も少ないため広く普及しています。

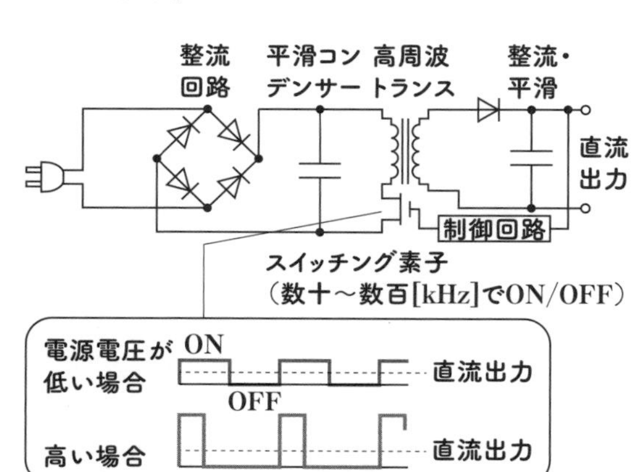

スイッチング電源にはいろいろなタイプがあるけど、このフライバック方式は小容量電源に適した方式で最も普及しているよ。

Chapter

カーボンニュートラルと電気

いまや待ったなしとなった地球温暖化対策。温室効果ガスの排出量を実質ゼロとするカーボンニュートラル実現のために、電気は欠くことのできない存在です。Chapter9では、カーボンニュートラル実現に電気が果たす役割について、紹介します。

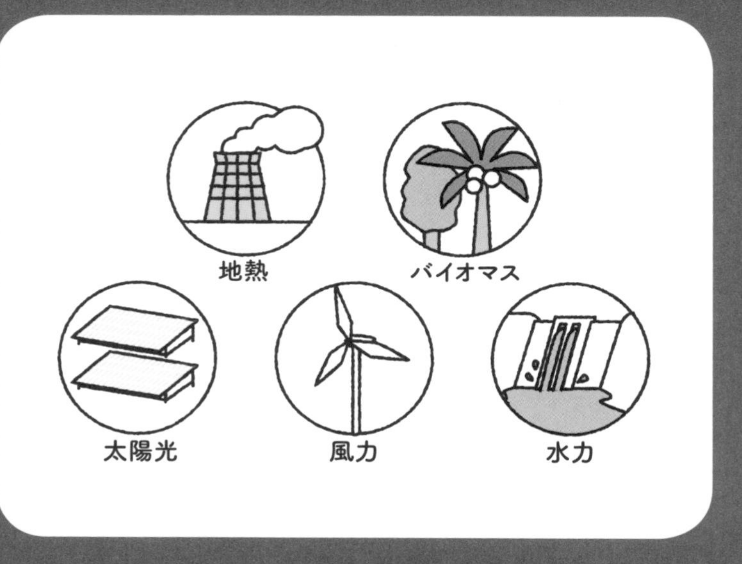

カーボンニュートラル　電化促進　脱炭素化

55 電気が地球を救う—カーボンニュートラルと電気

昨今、**カーボンニュートラル**という言葉を聞かない日はなくなりました。カーボンニュートラルとは、地球温暖化の原因となるCO_2などの温室効果ガスの排出量を実質ゼロにしようというものです。実質ゼロとは、排出量を極力減らしたうえで、どうしても残る排出量については森林などの吸収で相殺することにより、排出量を差し引きゼロとすることをいいます。世界中で2050年までの実現を目指し、さまざまな施策が講じられています。

電気は、カーボンニュートラル実現に最も重要な役割を担っています。なぜなら、電気はさまざまなエネルギーの中で最も扱いやすく、他のエネルギーの多くを代替可能なことに加え、水力や太陽光、原子力など化石燃料を使わない発電手段も多数実用化されているからです。この性質を積極的に利用することにより、カーボンニュートラル実現の道筋が見えてきます。

カーボンニュートラル実現に向けては、次のような手段に取り組んでいく必要があります。

① 省エネの促進
（高効率機器の導入、廃熱回収など）

② **電化の促進**
（ヒートポンプ熱源、電気自動車など）

③ 電源の**脱炭素化**
（太陽光、風力、バイオマス、原子力発電など）

④ 火力燃料の**脱炭素化**
（水素・アンモニアへの転換など）

⑤ CO_2の吸収
（森林吸収、地層へのCO_2貯留など）

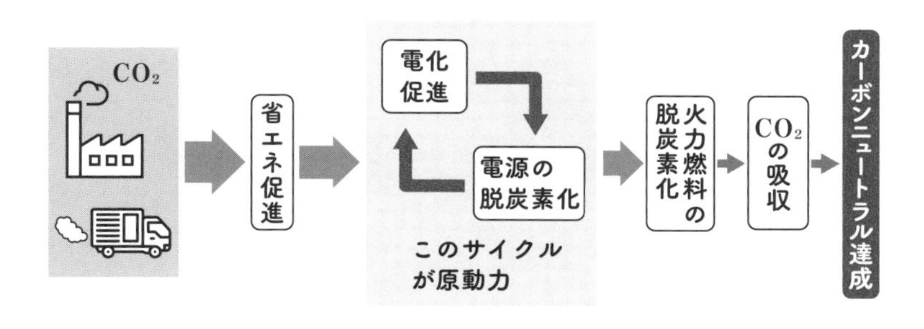

化石燃料の利用を電気の利用に置き換えて、電源を脱炭素化していく、このサイクルを繰り返すことがCO_2排出削減の原動力となるのです。

電気だからできる脱炭素化 ―再生可能エネルギー

電気にはさまざまな発電手段があることがカーボンニュートラルにおいて重要です。そのうち、化石燃料を使わない電源として原子力と再生可能エネルギー発電があります。エネルギー消費の電化を進めたうえで、これらの電源を増やしていくことがカーボンニュートラル実現に不可欠です。再生可能エネルギーには従来から利用されてきた水力に加え、次のようなものがあります。

ただし、これらは従来の発電方法に比べて総じて発電コストが高く、出力が不安定であったり発電量に限りがあったりと課題が山積しています。これらの課題を解決するための技術革新が普及の鍵となります。

太陽光発電

電流を流すと発光する照明用LED(53参照)ですが、光をあてると起電力を生じて電流を流すこともできます。ただし、稀薄なエネルギーが広範囲に降りそそぐ太陽光を効率的に受け止めるために、照明用LEDとは外観が大きく異なっています。

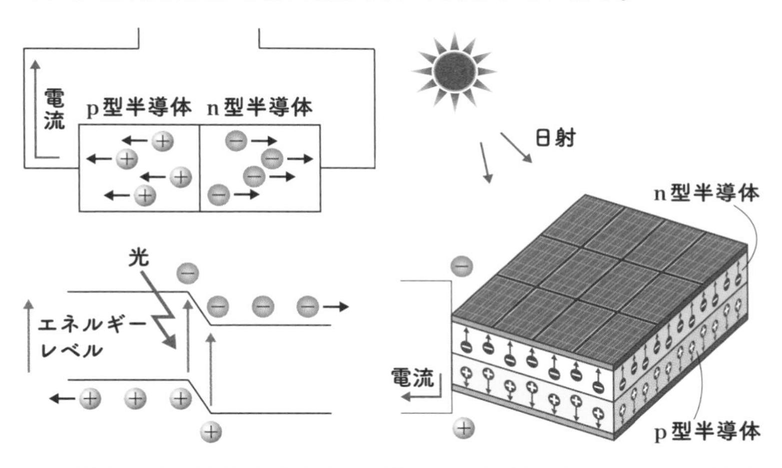

太陽光の発電量は日射量に比例し、**お天気まかせ**です。夜間や雨天時にほとんど発電できないことから、火力発電などの**バックアップが必要**で、電力供給の主力にはなり難い存在です。

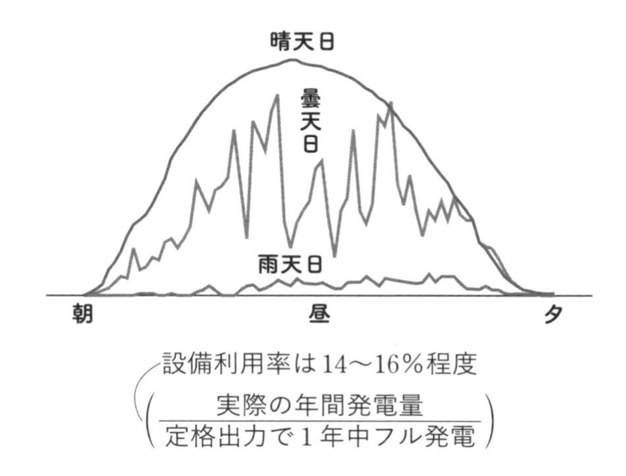

設備利用率は14〜16%程度

$$\left(\frac{\text{実際の年間発電量}}{\text{定格出力で1年中フル発電}}\right)$$

風力発電

風車によって風の圧力を回転力に変換し、発電機を回して発電します。羽根の角度を調整することにより、カットイン風速を超えると発電を開始し、カットアウト風速以上では、風車が損傷しないために風を逃がして発電を停止します。

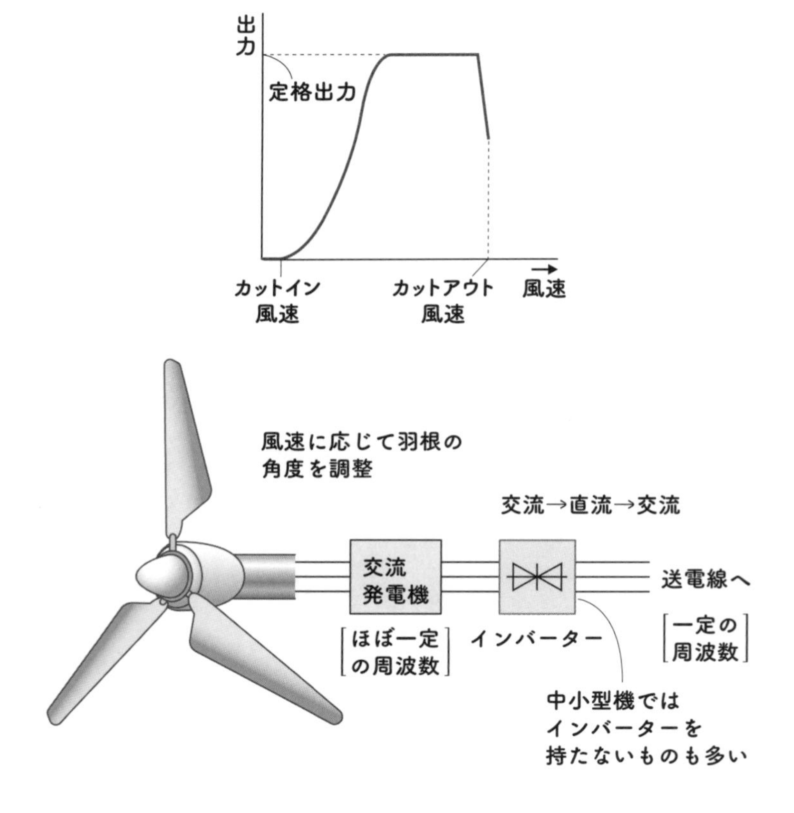

国内では、風況が良いエリアが北海道や東北地方などに偏在し、開発に適した地点が限られているという課題があります。発電量は**風まかせ**で、火力発電などの**バックアップが必要**なため、太陽光と同じく電力供給の主力にはなり難い存在です。

バイオマス発電

石炭やLNGの代わりに木材など植物を燃料にする火力発電です。燃焼時にはCO_2を発生しますが、そのCO_2は植物が成長する際に大気中のCO_2を取り込んで固定したものなので、成長と燃焼でCO_2の排出は差し引きゼロです。

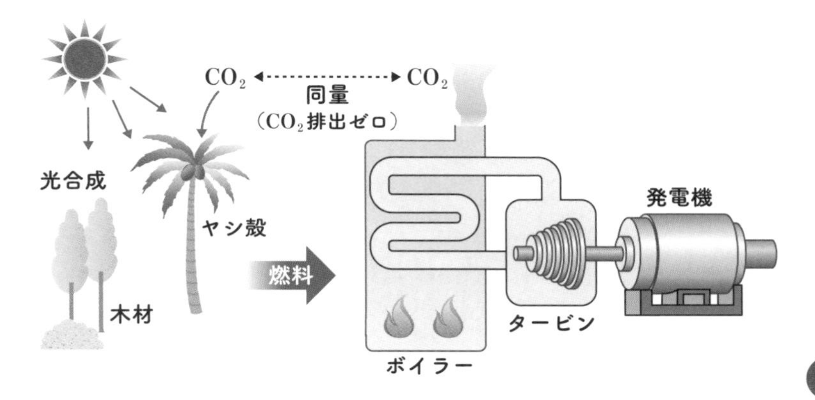

バイオマス発電には、お天気まかせの太陽光や風力発電と異なり、**安定した出力**が得られるメリットがあります。ただし、国内で産出する林業の間伐材などで発電できる量は極めてわずかで、バイオマス燃料の大半は輸入に頼らざるを得ません。森林破壊や、バイオマス燃料生産による食糧生産の減少など注意が必要です。

地熱発電

火山地帯の地熱から得られる蒸気により、タービンを回して発電します。バイオマス発電と同じく出力は安定しています。我が国は火山国で資源量は豊富とされていますが、適地が国立公園や温泉地に偏在するため、開発が進まないという課題があります。

お天気まかせ サイクルコスト

57 太陽光や風力発電の普及のカギを握る―蓄電池

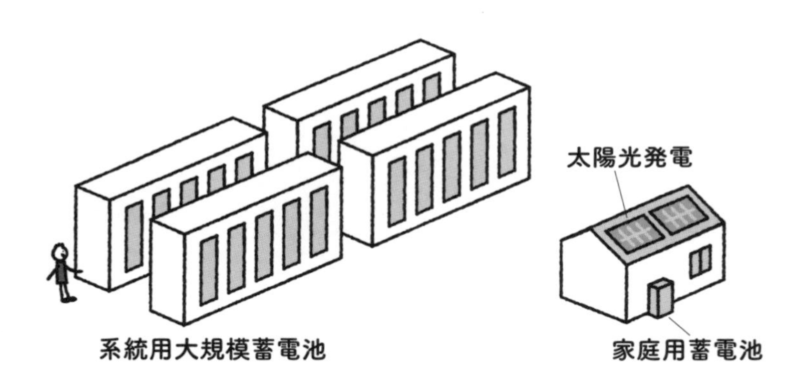

電力系統の周波数を維持するには、発電と需要を常に一致させる必要があります(㊹参照)。**お天気まかせ**で出力が不安定な太陽光や風力発電を増加させて主力電源にしていくためには、需要に対して余剰になる発電分を蓄電し、発電量が不足する時に放電する蓄電池が大量に必要になります。

蓄電池の選定にあたっては、想定される活用方法に照らして、

- 適正な出力[kW]と容量[kWh]の関係
- 充放電回数(**サイクル寿命**)
- 必要な設置スペース

などを考慮してコストを評価する必要があります。

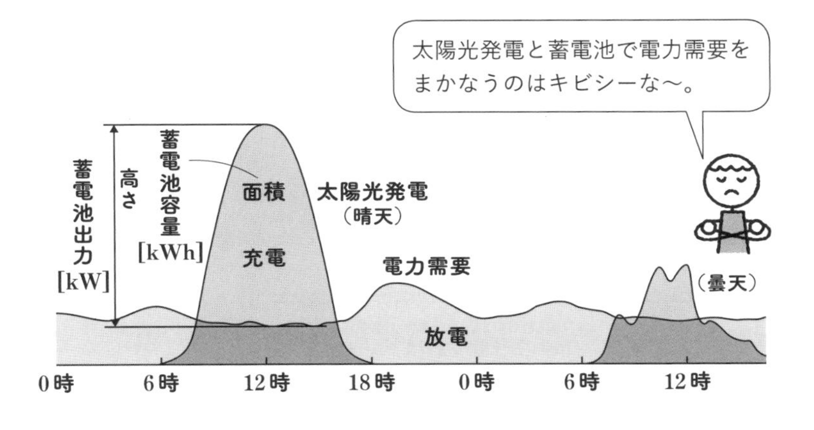

現時点で大容量蓄電池として導入されているのは、主に以下の3種類です。

	リチウムイオン電池	ナトリウム・硫黄電池	レドックスフロー電池
出力と容量	大出力用途に適する	長時間用途（大容量）に適する	超長時間用途（大容量）に適する
充放電回数	他の2種類より劣る	長寿命	ほぼ無制限（ほとんど劣化なし）
設置スペース	エネルギー密度が高く小型軽量化に適する	エネルギー密度はリチウムイオンに劣る	エネルギー密度が大幅に低く設備が大規模になる
特記事項	携帯機器や車載用に広く採用され、技術開発が進んでいる	300℃の高温で動作するため、長時間待機するような用途には不向き	超長時間（週間単位）の充放電など特殊用途向き

蓄電池の設置には**多額のコスト**が掛かりますが、再生可能エネルギーの導入拡大には不可欠な存在です。発電所や変電所に併設する大規模な蓄電所から屋根置き太陽光発電とセットの家庭用まで、適材適所での導入が進んでいくことでしょう。

輸送　貯蔵　分離回収

58 どうしても火力発電はなくせない —火力発電の脱炭素化

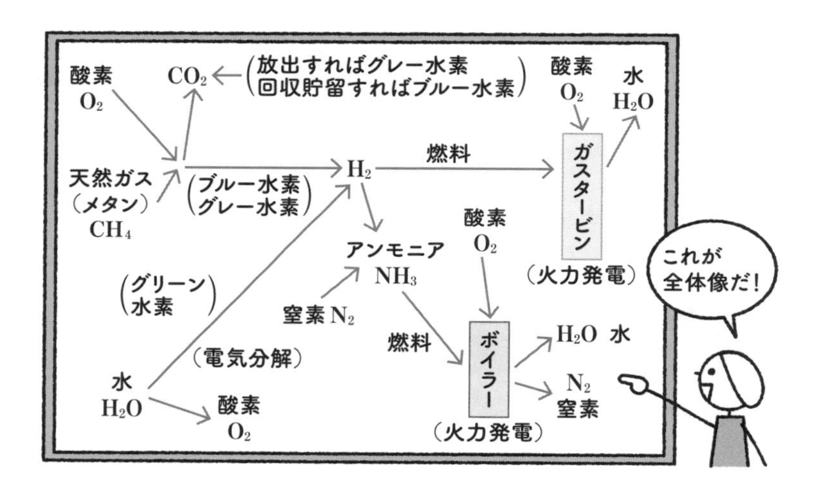

出力の不安定な太陽光や風力発電を大量に導入し、大容量の蓄電池を併設して電力を安定供給することは、実際には、雨天や無風の日が何日も続くことを考えると、現実的とはいえません。燃料を貯蔵し出力を調整できる火力発電は、今後も不可欠な存在なのです。

そこで、燃焼してもCO_2を発生しない燃料を用いた火力発電の技術開発が進められています。水素H_2を用いる方法とアンモニアNH_3を用いる方法です。また、化石燃料の燃焼で発生するCO_2を分離回収する技術もあります。いずれも**コストが最大の課題**です。

水素燃料による発電

水素H_2は燃焼しても水H_2Oを発生するのみでCO_2を発生しません。しかし、水素の利用には、多くの課題があります。

- 水素分子は極めて小さく、多くの金属をすり抜けて金属を劣化させてしまう性質があり、長期間の貯蔵が困難
- 気体の水素は体積が大きく貯蔵に不向きで、液化して体積を圧縮するには－253[℃]の極低温が必要
- 爆発性があり、取り扱いに注意が必要

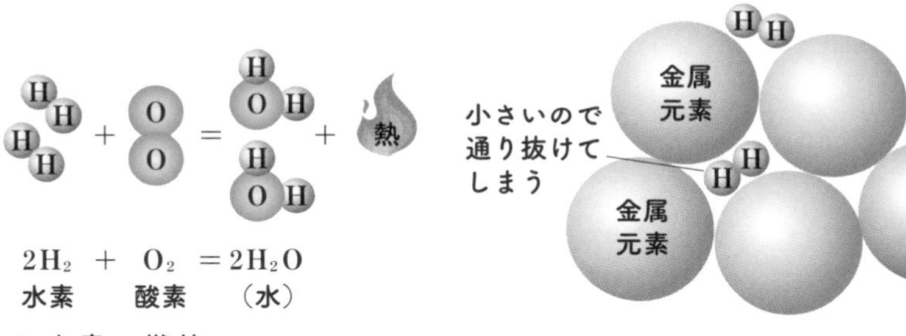

▲ 水素の燃焼

水素は大気中にほとんど存在しないため、他の物質から製造する必要があります。水素燃料は、製造過程におけるCO_2発生の有無により、以下のように色分けして呼ばれています。

グレー水素：天然ガスや石炭など化石燃料を改質して得られる水素。製造過程でCO_2を排出

ブルー水素：化石燃料を改質して得られる水素。発生するCO_2は回収し、地下に貯留（カーボンニュートラルに分類）

グリーン水素：太陽光や風力発電による電力で水を電気分解し、得られる水素（最も優れたカーボンニュートラル）

アンモニア燃料による発電

水素は輸送や貯蔵に課題が多いため、水素に空気から分離した窒素N_2を合成して得られるアンモニアNH_3を燃料に利用する方法もあります。アンモニアは−33[℃]で液化するため貯蔵や輸送が容易ですが、燃焼時に大気汚染の原因となる窒素酸化物を発生しやすいため、排気ガスの浄化対策が必要です。

アンモニア燃料についても、原料となる水素の製造方法により色分けして呼ばれています。

グレーアンモニア：グレー水素から得られるアンモニア
ブルーアンモニア：ブルー水素から得られるアンモニア
グリーンアンモニア：グリーン水素から得られるアンモニア

CCS（Carbon Capture and Strage）

CCSは、化石燃料による火力発電やブルー水素製造などで発生するCO_2を**分離回収**し、地下などに貯留する技術です。コストに加え、CO_2を長期間安定に封じ込める地点を確保することも課題です。油田やガス田ではCO_2圧入により生産量を増やせるため、一部で実用化が始まっています。

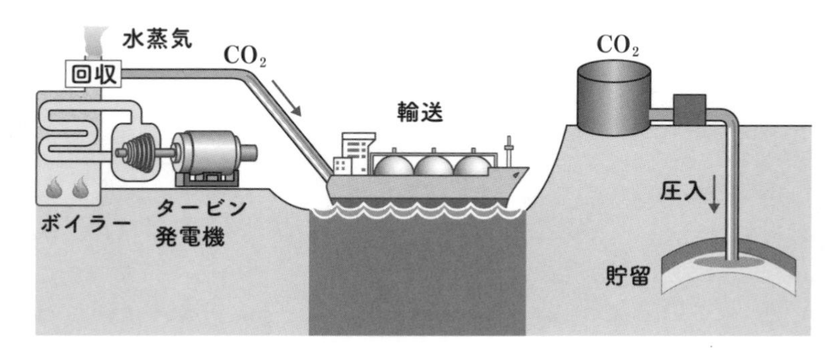

コラム|11

燃料電池の仕組み

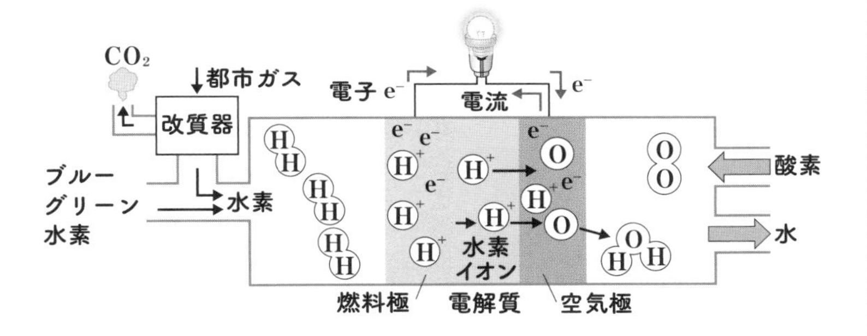

燃料電池は、化学反応により発電する仕組みです。水の電気分解と逆のプロセスで、水素と酸素を反応させれば電気が得られます。燃料電池による発電は、同時に多量の熱が得られるため、ホテルや病院など給湯用熱需要の多い需要家に近接して設置すれば、総合で高いエネルギー効率が得られます。

都市ガスを供給して、内部で水素に改質して発電する燃料電池は、すでに多数普及しています。現時点では、改質に伴い発生するCO_2は大気に放出されていますが、将来、グリーン水素やブルー水素を供給できるようになれば、熱供給と併せた高い効率により、カーボンニュートラル達成の大きな戦力となります。水素を供給し、燃料電池とモーターで駆動する水素自動車も、車両自体はすでに実用化されています。

最大のネックは、水素を供給するインフラ整備ですが、輸送と貯蔵の難しさをコストも含めて解決するハードルは高そうです。

59 VPP、スマートコミュニティ、そして直流給電

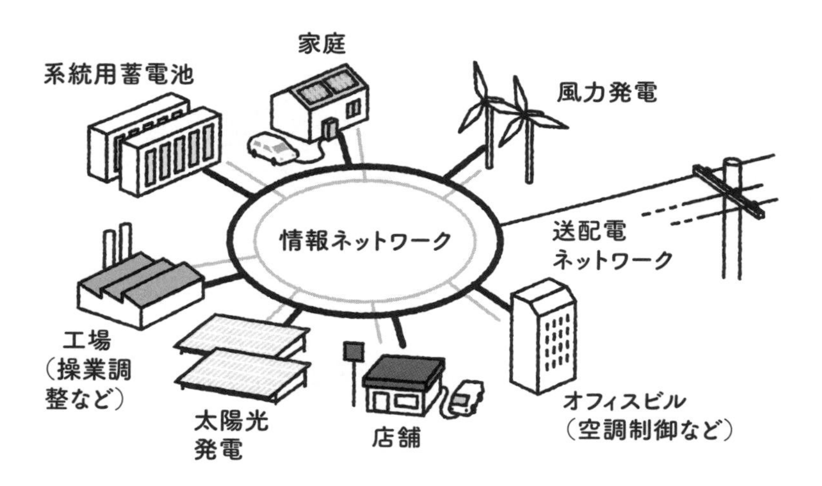

従来の電力供給では、高効率な大規模発電所からの電気を超高圧送電線によって輸送する形態が効率的とされてきました。しかし、カーボンニュートラルに向けた対策を進めていくと、需要地に近接して小出力の**分散型電源**が大量に普及し、**蓄電池**も併設されていくような、従来とは異なる形態の電力系統に進化していきます。

そこで、分散型電源や蓄電池、さらには電力需要の調整などに、最新の**IT技術**を組み合わせた取り組みが進んでいます。

DR (Demand Response) とVPP (Virtual Power Plant)

周波数を一定に保つためには、発電と需要を常に一致させる必要があり(㊷参照)、従来は変化する需要に対して発電側を追従させる調整を実施していました。しかし、太陽光や風力など出力の不安定な再生可能エネルギー発電が増加すると、発電側の調整だけでは発電と需要の一致が困難になるため、需要側での調整も必要になってきます。そのため、工場や家庭などの**消費電力を積極的に調整**するのがDR(Demand Response)です。再生可能エネルギーの普及拡大には、DRの普及が不可欠です。

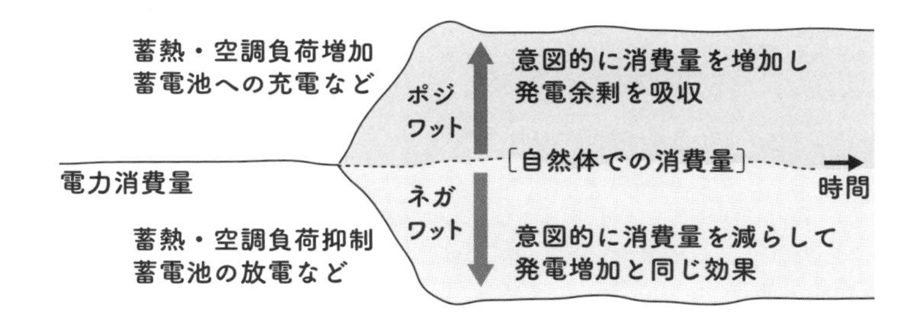

複数のDRや蓄電池の充放電を、**IT技術**により組み合わせて制御することで、あたかも需要側にまとまった容量の仮想の発電機が存在するように運用する技術を、VPP(Virtual Power Plant)といいます。電気自動車のバッテリーを電力系統に接続して充放電させることも、VPPに活用できます。

スマートコミュニティ、スマートグリッド

VPPをさらに発展させ、地域で再生可能エネルギーを地産地消し、外部からの化石燃料によるエネルギー供給に極力頼らない街づくりを、スマートコミュニティといいます。また、そのような地域を支える送配電網をスマートグリッドと呼んでいます。

直流給電

太陽光発電や蓄電池の内部は直流であり、情報機器も家電も中身は直流です。そこで、交流から直流に変換するロスを減らすことを目的に、需要家構内や家庭内への**電力供給を直流で**行う「直流給電」というアイデアがあります。

直流給電を適用する最有力候補は、コンピューターのサーバーやネットワーク機器を集約したデータセンターです。太陽光発電や家庭用蓄電池と組み合わせた家庭内の直流給電化には、家電製品の規格変更というハードルがあります。

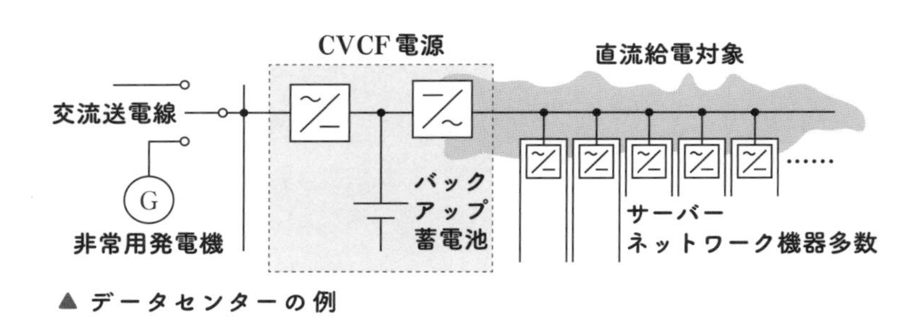

▲ データセンターの例

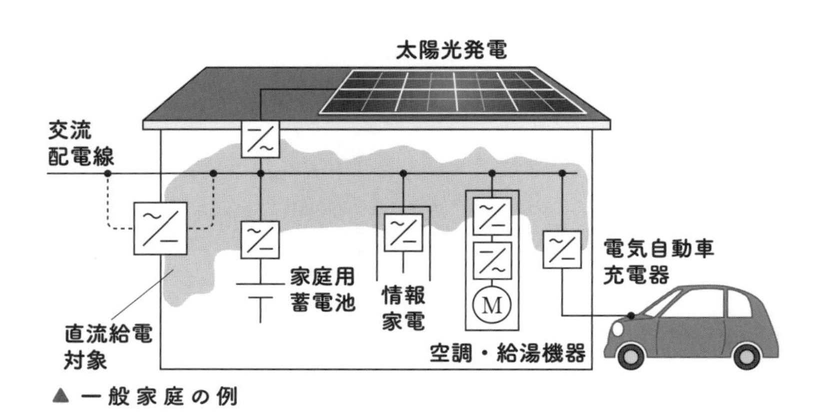

▲ 一般家庭の例

コラム｜12

排出削減の光と影

排出削減は国際的な利害関係が渦巻くドロドロの世界でもあります。開発途上国にも削減義務を求めたい先進国と、先進国から資金や技術供与を受けたい開発途上国との対立、自国の技術や産業に有利な削減目標の選定など、つばぜり合いは枚挙にいとまがありません。

ある国が厳しい削減目標を掲げても、その負担を嫌う産業が規制の緩い国に移転すると、総排出量が逆に増えてしまいます。排出削減の恩恵は数十年後の地球環境として得られるもので、現時点で厳しい負担を課されても目先の恩恵がまったく得られないだけでなく、負担を課されなかった人にも将来の恩恵が等しく降り注ぐという不条理な面があります。

すでに先進国よりも開発途上国の排出量が圧倒的に多くなっている実態を踏まえると、世界規模で効率的に排出削減を進めるためには、負担感が少なく生活の豊かさを損なわない、むしろ豊かさを実感できるような手法を選択していく必要があります。

排出削減には、「排出量の見える化」や「動機づけ」といった緩やかな手法から、「炭素税」や「排出量取引」など排出量に金銭的負担を課す手法、「白熱電球の製造禁止」や「ガソリン車の販売禁止」など特定の品目を法律で規制する手法など、さまざまな手法があります。

日々議論されている排出削減の政策や規制が、人々の生活を損なわず、国益にかない、地球全体の豊かさに貢献できるものになっているのか、この本を読んで電気の知識を得た皆さまに興味を持っていただけると幸いです。

INDEX

単位

数字

アルファベット・記号

あ行

か 行

さ行

た 行

な行

は行

ま行

や行

ら行

〈著者略歴〉

二 宮　崇（にのみや たかし）

1993年より四国電力(株)で、水力発電所の保守、電力系統の運用、電気事業制度改革対応、電力需給計画の策定などに従事。日本電気協会などが主催する電験三種講習会で長年にわたり講師を務める。第一種電気主任技術者、気象予報士。

イラスト：サタケ シュンスケ
本文デザイン：上坊 菜々子

「電気回路、マジわからん」と思ったときに読む本

2024年 2 月19日　第1版第1刷発行
2024年12月10日　第1版第3刷発行

著　者　二 宮　崇
発 行 者　村 上 和 夫
発 行 所　株式会社 オーム社
郵便番号　101-8460
東京都千代田区神田錦町 3-1
電話　03(3233)0641(代表)
URL　https://www.ohmsha.co.jp/

組版　クリィーク　　印刷・製本　壮光舎印刷
ISBN978-4-274-23163-6　Printed in Japan